基礎から応用までしっかりわかる

都市計画法の教科書

元 (公財)都市計画協会会長
原田 保夫 著

ぎょうせい

はじめに

　人口減少は、これからの日本の社会が避けて通れない問題である。このまま手をこまねいていては、最近叫ばれている地域の消滅が現実となって現れてきかねない。地域の崩壊を食い止めるためには、地域に住む人たちが一緒になって、誇りが持てる、魅力ある地域を守り育てる取組みをしていかなければならない。

　そのような取組みの枠組みを提供するのが都市計画であり、枠組みに関する人々の共通の理解を具体的な形にしたものが都市計画法である。都市計画というと、何か、大都市やそれに準じるような都市だけが対象となるように捉えられがちであるし、人々の意識の上でも、自分の住んでいる所は、地域とはいえても、都市とはいえないのではないかということはあるであろうが、先に述べたような誇りが持てる、魅力ある地域を守り育てる取組みは、制度としては、およそ都市計画といって良いものである。

　とはいいながら、都市計画は、何か特別で、面倒なもの、厄介なもの、さらに極端な場合には怖いものという受け取られ方がされているのも事実である。このような誤解を解いて、都市計画を正確に理解するためには、都市計画法の知識は欠かせない。勿論、都市計画には、法律的知識だけでなく、土木・建築といった工学的知識、さらには経済学的知識も必要ではある。しかしながら、他分野の知見も取り込んで出来上がるのが法律ということであってみれば、まずは法律的知識の習得は、すべての基礎となるものである。

　都市計画法を学ぶというとき、筆者の経験によれば、具体の条文にあたって具体的な知識を詰め込むというよりも、何より複雑・難解な都市計画法の体系全体を理解することが大切である。細かな知

識は、その後に必要に応じて得ていけば十分である。そのような観点で見渡した場合、筆者が知っている限りでは、こうした要請に応えてくれる書物は意外と少ない。

　本書は、このような企図を持って、行政実務担当者、都市開発事業者、一般の市民を問わず、これから都市計画に主体的に取り組もうとする方々を対象に、入門書として書いたものである。まず、大きな枠組みから解説を始め、徐々に具体の中身がわかるように工夫しているつもりである。同時に、現行の都市計画法を理解する上で、どのような経緯を辿って現在の仕組みが出来上がってきたか、そのような仕組みは将来に向けてどのような課題を抱えているのかは欠かせないと思われるので、そのことにも触れている。そうした意味で、大げさにいえば、都市計画法の現在・過去・未来を取り上げたといっても良い。

　本書の構成は、第1章から第5章までが基礎編、第6章から第8章までが応用・理論編と理解してもらえば良い。さらに、終章として、不遜ながら、今後の展望を示させてもらっている。都市計画法を手っ取り早く学びたいということであれば、基礎編を読んでいただければ、それで十分である。

2025年3月
原田　保夫

目次

はじめに

序章 都市計画法は何故あるのか
- COLUMN① 都市計画とまちづくり ——— 5

基礎編

第1章 都市計画法の仕組み
1 体系都市計画法とは ——— 8
- 実定都市計画法／9
- 体系都市計画法を構成する個別法／9
- 関連する法律／10
- 国土利用計画法／10
- 農業振興地域の整備に関する法律／11
- COLUMN② 法律が出来上がるまで ——— 14

2 都市計画法全体をどのように捉えるか ——— 16
- 「どのようなねらいで何を定め」(目的)／17
- 「どのような方法で実現する」(手段)／17
- 「どこで」(場)／18
- 「誰が」(主体)／18
- 「どのようにして」(手続)／18
- COLUMN③ スーパー都市計画 ——— 21

3 我が国の都市計画法の成り立ちは ——— 23
- 東京市区改正条例／23
- 旧・都市計画法／25
- 特別都市計画法／26
- 新・都市計画法／27
- COLUMN④ 新宿歌舞伎町 ——— 29

第2章 都市計画の種類とねらい

1 あらまし ———————————————— 32
　マスタープラン／34
　個別都市計画／34
　都市計画に係る基準・定めるべき内容／37
　　COLUMN⑤　都市計画は廃止できる？ ———— 39

2 マスタープラン ———————————————— 41
　都市計画区域マスタープラン／41
　市町村マスタープラン／42
　その他のマスタープラン／43
　　COLUMN⑥　都市五族 ———————————— 45

3 線引きに関する都市計画 ———————————— 47
　ねらい／47
　線引きの対象地域／48
　計画内容／49
　線引きの効果／51
　居住調整区域／52
　具体の運用／52
　　COLUMN⑦　集落地域整備法のこと ————— 56

4 用途地域に関する都市計画 ——————————— 58
　ねらい／58
　計画内容／62
　用途地域の効果／63
　具体の運用／65
　用途地域を補完する都市計画／70
　　COLUMN⑧　用途地域は施設？ ——————— 74

5 その他の土地利用に関する都市計画 ——————— 76
　風致地区／77
　特別緑地保全地区／78
　伝統的建造物群保存地区／78
　上記以外の土地利用に関する計画／79
　　COLUMN⑨　都市計画の名称 ———————— 80

6 事業に関する都市計画 ―― 82
都市施設に関する都市計画の種類／83
都市施設に関する具体の運用／84
市街地開発事業に関する都市計画／88
COLUMN⑩ マッカーサー道路 ―― 91

7 地区計画等に関する都市計画 ―― 93
ねらい／93
地区計画等の種類／94
対象区域／94
計画内容／95
効果／97
活用の想定事例／97
COLUMN⑪ 困った時の地区計画 ―― 102

第3章 都市計画の実現手段

1 あらまし ―― 106
土地利用に関する都市計画の実現手段／107
事業に関する都市計画の実現手段／108
地区計画等に関する都市計画の実現手段／108
COLUMN⑫ 霞が関官庁街 ―― 110

2 線引きに関する都市計画の実現手段 ―― 112
許可が必要となる開発行為／113
許可基準／113
許可権者／116
線引き都市計画区域以外での適用／117
市街化調整区域内における建築規制／117
開発許可と建築確認／118
COLUMN⑬ 農林漁業との調整 ―― 119

3 用途地域に関する都市計画の実現手段 ―― 121
建築確認の対象となる建築行為／122
建築確認の基準／122
建築確認の主体／128
用途地域を補完する都市計画の実現手段／129

田園住居地域における規制／129
　COLUMN⑭ 霞が関ビルと容積率 ──────── 131

4 その他の土地利用に関する都市計画の実現手段 ── 133
風致地区における実現手段／133
特別緑地保全地区における実現手段／134
伝統的建造物群保存地区における実現手段／134
　COLUMN⑮ 都市計画と港湾 ──────── 136

5 事業に関する都市計画の実現手段 ──────── 138
都市計画事業／138
非用地買収型事業／139
計画制限／140
基盤整備の責任と負担／141
　COLUMN⑯ 御堂筋と都市計画 ──────── 143

6 地区計画等に関する都市計画の実現手段 ── 145
届出・勧告／146
建築確認／146
開発許可／147
　COLUMN⑰ 再開発地区計画のこと ──────── 149

第4章 都市計画の対象エリアと決定主体

1 対象エリア ──────────────── 152
都市計画区域／153
準都市計画区域／155
　COLUMN⑱ 都市計画課 ──────── 156

2 決定主体 ──────────────── 158
都道府県・市町村の分担／159
国の関与／160
　COLUMN⑲ 一昔前の国の指導 ──────── 162

第5章 都市計画の決定手続 [住民の意向反映等]

あらまし／166
環境影響評価手続との関係／167
具体の流れ／168
必要な見直し／176
COLUMN⑳ 都市計画は完全無欠？ ──────178

応用・理論編

第6章 現下の都市計画上の諸課題への対処

■ 中心市街地の機能の回復 ──────────182
問題認識／182
都市計画上の対応／183
対応の限界／185

■ 産業構造の転換への対応 ──────────186
問題認識／186
都市計画上の対応／187
対応の限界／188

■ 都市内の自然的環境の保全・創出 ─────189
問題認識／189
都市計画上の対応／190
対応の限界／191
COLUMN㉑ 街づくり三法 ──────────193

第7章 都市計画にまつわる理論上の諸問題

都市計画の法的性格／196
都市計画の争訟性／197
都市計画法と条例／198
都市計画に係る事務の性格／199
都市計画と補償／200
都市計画における「必要最小限規制原則」／202
都市計画における公共性／203
都市計画と市場／204

COLUMN㉒ 区画整理と減歩 ──────── 206

第8章 都市計画法の変化を捉える

1 都市再生特別措置法の制定 ──────── 210
本法のねらい／210
全体の仕組み／211
個別的手法／213
本法の意義／215

COLUMN㉓ 稚内から石垣まで ──────── 217

2 景観法の制定 ──────── 219
本法のねらい／219
全体の仕組み／220
個別的手法／221
本法の意義／222

COLUMN㉔ 国立マンション訴訟 ──────── 223

終章　都市計画法の展望は

1 これまでの都市計画法 ──────── 226
　戦災からの復興への対応の時代／228
　都市化社会への対応の時代／229
　都市型社会への対応の時代／232
　地方分権・規制緩和への対応／233
　都市が縮退する社会への対応の時代／234
　　COLUMN㉕　都市計画の先達 ──── 235

2 これからの都市計画法 ──────── 237
　「どのようなねらいで何を定め」（目的）／237
　「どのような方法で実現する」（手段）／241
　「どこで」（場）・「誰が」（主体）／243
　「どのようにして」（手続）／243
　まとめ／244

あとがき

参考文献

序章

都市計画法は何故あるのか

皆さんは、街に住み、働く中で、このような思いを抱くことはないであろうか。
「隣に家が建つと、日当たりが悪くなって困るな」
「工場を建てたいけど、騒音とかで周りに迷惑もかけられないしな」
「あそこに広い土地が空いているけど、どこまでの大きさのビルを建てることができるのかな」
「都会なのに、まとまった農地が残っているのは不思議だな」
「もう少し安心して歩けるように歩道を広くし、自転車も安全に走行できるようにして欲しいな」
「子供を安心して遊ばせられるような公園がもっとあったら良いな」
「どうして、この一画だけ道路がゆったりして街並みも整然としているのかな」
「この古くて美しい町並みを後々まで残しておきたいな」
　このような思いに応え、これに関わっているのが都市計画である。圧倒的多数の国民が都市に住み、意識するしないにかかわらず、我々の営みの多くは都市計画の中で行われている。このように国民生活に深く関わる都市計画を規律するのが都市計画法である。都市計画という言葉自体は一般に広く知られていても、都市計画法の中身を正確に理解している人は意外に少ない。それがどのようなものであるかを知ることは、生活を維持し豊かにする上では欠かせないことではなかろうか。
　それでは、都市計画法はいつからどのようにして生まれたのであろうか。
　我々の日々の暮らしにおける住む、働く、遊ぶといった営みは、すべて空間において行われる。空間がなければ、こうした営みは成り立たない。このことは、都市に限らず農村でも同じである。都市が農村と異なるのは、多数の人間が相対的に狭い空間に集中して暮らすということである。そのこと自身は、接触の機会が増えることで人々に多くの利益をもたらし、産業も栄えることになる。産業を興すために人々が集まるという捉え方も可能である。他方で、空間の利用を巡っては、人々相互の

摩擦・衝突が生じることになる。隣接する利用の間での日照の不足、住宅と工場の混在による環境悪化、一旦火災が起こった場合の周囲への延焼のおそれなど、問題は様々である。このような摩擦・衝突を放置しておいたのでは、都市に集まる魅力が失われることにもなりかねない。元々、空間は、所有権という人為的な区別はあっても本来的には境目のない連続的なものである。そのことが、限られた空間に極端に利用が集中するということと相まつと、自ずと、空間の利用に関する共同のルールが必要になってくる。さらに、都市は、それを維持していくためには、純粋な農村生活においては必要とされないような装置を必要とするようにもなる。典型的には、下水道である。農村においては、その生産機能と下水機能は一体であるので、下水道は必要とされない。都市には農業生産機能がないので、下水の処理のための施設が必要となる。

　そこで生まれたのが都市計画である。都市計画は、空間利用を巡るトラブルの調整であり、新たに必要となる装置を生み出す知恵である。空間の利用・配分を巡るルールそのものといっても良いかも知れない。

　このようなルールは、必ずしも当然に法律を必要とするわけではない。法律によらないで、その時その場でルールを作り・守ることも可能である。ルールを必要とする都市が多くなって都市計画が常態化し、また、一つ一つの都市が大きくなり、問題が深刻化すればルールを作り・守るためのルールが必要となる。このような意味でのルールがあった方が、その時その場のルール作りがスムーズに進み、ルールへの人々の信頼も高まる。ルール作りのためのルール、それが都市計画法である。このような意味での都市計画法の出現は、本格的な都市への人口の集中が進んだ、18世紀後半の産業革命以降である。

　都市計画というルールを必要とするような状況は、どの時代のどの都市でも大なり小なり抱えてはいたであろう。産業革命以前には、個別的なルールの設定で事足りており、都市計画法を必要とするような状況にはなかった。都市計画法は、近代化・産業化とともに始まり、それが近代都市計画の確立を促したということができる。

このような都市計画法あるいは近代都市計画の歴史を長いとみるか短いとみるかは人それぞれではあろうが、我が国においてさえ100年を超える都市計画の歴史があり、社会に一定程度定着をしてきたことは確かである。それにもかかわらず、都市における問題は未だ解決されたとはいえない状況にあり、それへの人々の不満には相変わらず高いものがある。居住環境をどう改善していくか、衰退した街なかをいかに再生するか、自然的な環境をどう保全するかなど課題は山積している。さらに、これから、日本の社会は人口減少にも直面することになる。このまま手をこまねいていては、最近叫ばれている地域の消滅が現実となって現れてきかねない。その一方で、グローバルな競争環境の下で、東京のような大都市は、海外の都市との都市間競争にも晒されることにもなる。

　こうした状況下で、問題の解決や不満の解消には、国、地方公共団体、地域住民が一体となった取組みが求められる。その取組みの基盤を提供するのが都市計画法である。都市計画法は、その立法の衝にあたる国の担当者だけが知っていれば良いというものではない。確かに、すべての国民に都市計画の仕組みをわかってもらうことは難しいことであるにしても、「民は之に由らしむべしこれを知らしむべからず」ということに安住してはいけない。できるだけ多くの人に都市計画法を理解して欲しい。これが、本書を表す意図である。

COLUMN①

「都市計画とまちづくり」

　「都市計画」と「まちづくり」は、同じなのか違うのか、筆者にいわせれば、同じ内容を表している。世の中一般には、「都市計画」は、「堅いもの」・「上からのもの」と、「まちづくり」は、「柔らかいもの」・「住民主導のもの」とのイメージで受け取られているのであろう。まちづくりという言葉は、元々は、都市計画で決まった再開発への反対運動から出てきたといわれているため、このような受け止められ方も、納得がいくものではある。

　これが、単なるイメージで止まっているのであれば、同じか違うのかなどさして目くじらを立てる必要もない。まちづくり条例なるものが多くの市町村で制定される状況では、どうして「都市計画」ではなく、「まちづくり」が条例の名称として使われるのかは、一考すべきことである。端的には、市町村において、都市計画法の足りない所を補う条例の名称として、都市計画を使うのは躊躇われるということであろう。かくいう筆者も、都市計画という言葉が使いづらく、かといって、まちづくりも迎合的な感じもして、「都市づくり」という言葉を使うこともあった。

　ためらいの原因を探れば、先ほどの二つの言葉がもつイメージに行き着く。つまり、都市計画という言葉を使ってもらうためには、都市計画法が、「堅いもの」・「上からのもの」というイメージをどう払しょくできるかである。現

> 在は、都市計画法の領域では、条例の役割は限定的であるが、もう少し条例の役割を拡大しても良いのではないか。

基礎編

第1章

都市計画法の仕組み

1 体系都市計画法とは

> **Point**
> ▶ 都市計画を扱う法律は、都市計画法だけではない。相当数の法律が関係している。

　都市計画法といっても、その名称がついている都市計画法（これは実定法としての都市計画法であるので、以下では「実定都市計画法」という。）が、都市計画に関する法律のすべてではない。実定都市計画法は、都市計画の種類や手続などを定めているのみで、具体的な内容、例えば、個別の都市計画を定める要件や、その効果、規制手段、事業の仕組みなどの多くは、別の法律（個別法）に委ねている。したがって、広い意味での都市計画法は、実定都市計画法とその下にある、相当数にのぼる個別法からなる体系（以下では、これを「体系都市計画法」という。）といえる。本章1では、実定都市計画法とはどのようなものか、体系都市計画法を構成する個別法にはどのようなものがあるか、また、両者の分担関係はどのようになっているかを解説する。加えて、体系都市計画法には属さないが、それと密接な関連のある法律はどのようなものがあるかを解説する。その際、このような法律は相当数にのぼるので、性格に応じた分類を行った上で、代表的な法律を掲げることとする。

　このように、都市計画法という言葉には、二つの意味があるので、本書においては、この二つを厳密に区別する必要がないときは、単に「都市計画法」と表記することとし、区別しないと誤解が生じるときは、そ

れぞれ「体系都市計画法」、「実定都市計画法」と表すことにする。

実定都市計画法

　実定都市計画法は、主に以下のような内容からなる。
ア　都市計画の場である都市計画区域の指定
イ　都市計画の種類・内容
ウ　計画事項
エ　都市計画の決定・変更に関する事項
オ　都市計画に基づく制限
カ　都市計画事業の施行

　上記のうち、ア・イ・エ・カは、実定都市計画法が完結的に内容を定めており、個別法に委ねることはしていない。これに対して、ウ・オについては、実定都市計画法は、一部を分担しているに過ぎず、多くを個別法に委ねている。実定都市計画法に規定するか、個別法に規定するかは、基本的には個別法が存在するかどうかで決まる。例えば、地区計画における届出・勧告制は、実定都市計画法に規定する必要もないが、地区計画に関する個別法が存在しないので実定都市計画法に規定している。

体系都市計画法を構成する個別法

　まず、体系都市計画法を構成する個別法は、内容に応じて、以下のように分類できる。

A	計画・規制法	都市計画に関する要件・計画事項等あるいは計画実現のための規制を定めるもの	建築基準法、都市緑地法、生産緑地法、文化財保護法、集落地域整備法など
B	計画・事業法	都市計画に関する要件・計画事項等あるいは計画実現のための事業を定めるもの	土地区画整理法、都市再開発法、新住宅市街地開発法など

| C 計画・規制・事業法 | 都市計画に関する要件・計画事項等あるいは計画実現のための規制・事業を定めるもの | 都市再生特別措置法、景観法など |
| D 管理法 | 都市施設に関する整備・管理を定めるもの | 道路法、都市公園法、下水道法など |

　上記の中で、代表的なもののうち、最も重要なのは、Aに属する、建築確認制度により用途・形態の規制を行う建築基準法である。Cに属する都市再生特別措置法及び景観法に関しては、後述するように、体系都市計画法に収まりきらないところがあり、このような単純な分類が適当かは議論の余地はある。

関連する法律

　次に、体系都市計画法に密接に関連する法律は、以下のとおりである。

上位計画法	都市計画の上位計画を定めるもの	国土利用計画法、多極分散型国土形成促進法、首都圏整備法、山村振興法、離島振興法など
土地利用関係法	都市計画に関わりのある土地の利用を定めるもの	農業振興地域の整備に関する法律、農地法、森林法、自然公園法など
その他	―	土地収用法、租税特別措置法、地方税法など

　この密接に関連する法律に関しては、中にはどのように密接に関連するのか直ちには理解しづらいものもあろうが、それに立ち入ると専門的になり過ぎるので、国土利用計画法及び農業振興地域の整備に関する法律のみを簡単に取り上げる。

国土利用計画法

　国土利用計画法は、いくつかの上位計画の中で最も都市計画と関わり

が深い、土地利用基本計画を規定する法律である。土地利用基本計画は、全国土を対象に、都市地域、農業地域、森林地域、自然公園地域、自然環境保全地域の5地域に区分することを基本とするものである。この計画においては、区域区分のほか、各地域の土地利用の方針などが定められる。こうした計画に都市計画は適合しなければならないことになる。このことから、例えば、都市地域と都市計画区域は同じ広がりを持つことになる。土地利用基本計画に関しては、上位計画といっても、後付け的な内容のものであって、実質的な機能を果たしていないのではないかとの指摘が付きまとっている。

農業振興地域の整備に関する法律

　農業振興地域の整備に関する法律は、現行の都市計画法の制定に併せて制定されたものである。その主なねらいは、線引きに関する都市計画に対抗した、農業サイドのゾーニングである。具体には、市街化区域以外の地域が農業振興地域の指定の対象となる。農業振興地域は、農用地等として利用すべき土地の区域とそれ以外の区域とからなる。農業振興地域は、土地利用基本計画の農業地域と重なっている。都市計画区域との関係では、市街化調整区域及び用途地域が定められていない区域が対象となることから、都市計画区域と農業振興区域は重複することがあり得る。当然ながら、土地利用基本計画の都市地域と農業地域も重複することがある。

　体系都市計画法に属する法律及び関連法を図示すれば、**図1**のとおりである。

復習問題

Q 実定都市計画法以外で都市計画を規律している法律を三つ挙げてください。

Q 都市計画の上位計画で代表的なものを一つ挙げてください。

図1　体系都市計画法

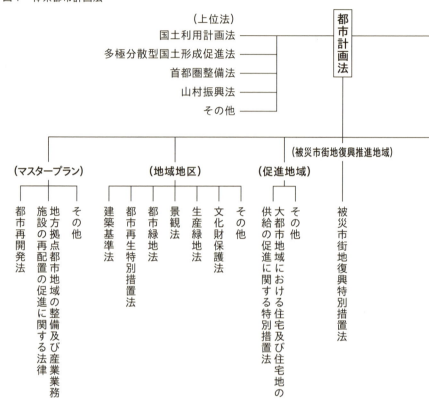

(関連法)
- 農業振興地域の整備に関する法律
- 農地法
- 自然公園法
- 土地収用法
- その他

(市街地開発事業)
- 土地区画整理法
- 都市再開発法
- 新住宅市街地開発法
- その他

(都市施設)
- 道路法
- 都市公園法
- 下水道法
- その他

(地区計画等)
- 密集市街地における防災街区の整備の促進に関する法律
- 集落地域整備法
- 幹線道路の沿道の整備に関する法律
- 地域における歴史的風致の維持及び向上に関する法律

1．体系都市計画法とは　13

COLUMN②
「法律が出来上がるまで」

　法律（ここでは新法・改正法問わず。）が出来上がるまでの一般的な流れは、次のようなものである。担当省庁による素案の作成→内閣法制局審査→与党審査→法律案の閣議決定→国会審議→法律案の成立・公布ということになる。勿論、それぞれが大切なプロセスだが、ここでは、内閣法制局審査と与党審査を取り上げてみたい。しばらく前までは、閣議決定に先立って行われる関係省庁との調整がとりわけ大変であった。今でもそうではあるが、この調整を了していないと閣議に法律案を提出できない。縄張り意識が強かった時代には、これを逆手にとって、自分の主張を相手に飲ませるということが、執拗に行われていた。今は、そこまでのことはないであろうが。

　与党審査は、国会提出前に、あらかじめ与党の了解を得ておくというものである。これによって、国会提出後の審議もスムーズに進む。法律は、何がしか国民の権利・義務に影響を与えるものであるので、これに国民の代表者の意見を反映させることは極めて大切である。勿論、国会審議もその一環ではあるが、議院内閣制の下では、実質的には、与党審査がその役割を果たしている。

　内閣法制局審査といえば、条文の審査が中心と受け取られるかも知れないが、それはほんの一部に過ぎない。核心をなすのは、条文審査に入る前の、法律が必要な理由は何

か、それがどうして既存の法律ではできないのか、憲法を含め既存の法体系と整合は取れているかなどである。特に、財産権への制約を本質とする都市計画法に関しては、既存の法体系との整合性が重要なポイントであったというのが、筆者の経験である。そのことは、既存の法体系を大きく打ち破るような、法律を作ることの難しさを表してもいる。

都市計画法全体を
どのように捉えるか

> **Point**
> ▶ 都市計画法は、「どのようなねらいで何を定め」（目的）、「どのような方法で実現する」（手段）、「どこで」（場）、「誰が」（主体）、「どのようにして」（手続）の5項目で理解することが大切である。
> ▶ 目的と手段が深くつながっていること、手続が備わっていることに、特に注目すべきである。

　まず、実定都市計画法を離れて、都市計画の学問上の定義は、「都市の現状と将来の見通しの下に、目標・ビジョンを掲げて計画を立て、その実現のために規制、事業などを行う、その総体をいう」とするのが、一般的であろう。これで特徴的なのは、単に計画を立てるということだけでなく、その計画の実現ということもその定義に含まれていることである。体系都市計画法においても、そのような理解で都市計画を扱っている。

　このような理解を前提にすると、先の定義から直接的には、「どのようなねらいで何を定め」（目的）と「どのような方法で実現する」（手段）ということに関し、都市計画法がどのような内容を定めているかを明らかにする必要が出てくる。次には、当然ながら「どこで」（場）と「誰

が」（主体）が明らかにされなければならない。さらには、その理由は後述するが、都市計画にとっては、「どのようにして」（手続）が重要であるので、それも明らかにする必要がある。

次章以下で、実定法に即して、「どのようなねらいで何を定め」（目的）、「どのような方法で実現する」（手段）、「どこで」（場）、「誰が」（主体）、「どのようにして」（手続）、といった五つの要素に分解して、都市計画法を解説する。

あらかじめ、その概略を述べておけば、次のようなことである。

「どのようなねらいで何を定め」（目的）

都市計画の種類・内容等は、都市計画法で定まっているので、その定まった中から、必要な都市計画を決定することで、目的が決まることになる。一部の計画事項を除き、この基本的部分は、実定都市計画法が内容を定めている。

実定都市計画法が定める都市計画には、大きくは、土地所有者等に対し、直接的な拘束力を持たないものと直接的な拘束力を持つものとがある。拘束力のない都市計画は、都市のあるべき姿を総合的なビジョンとして示すもので、「マスタープラン」と呼ばれる。

拘束力のある都市計画は、その種類は、線引き、用途地域、道路等都市施設など数十種類に及び、総合性を持つマスタープランに対比して、個別性が強いことから、総称して「個別都市計画」と呼ばれる。

マスタープランと個別都市計画とを目的と手段の関係で捉えることも可能であるが、そうするとわかりづらくなるので、本書では、双方とも、「目的」に相当するものとして扱う。

⇒ 詳しくは第2章「都市計画の種類とねらい」へ

2．都市計画法全体をどのように捉えるか

「どのような方法で実現する」（手段）

　個別都市計画を実現する手段も多岐にわたる。代表的なのは、開発許可、建築確認、都市計画事業である。この部分は、実定都市計画法と個別法が分担をして定めている。特に、建築確認などの行為規制に係る規制基準に関しては、多くは個別法で、その内容が定まっている。

　この規制基準に関しては、これを目的と捉えることができなくもないが、行為規制自体と切り離せない関係にあることから、本書では、「実現手段」に相当するものとして扱う。

　⇒ 詳しくは第3章「都市計画の実現手段」へ

「どこで」（場）

　都道府県知事が、一定の要件に該当する都市を都市計画区域として指定する。原則的には、都市計画は都市計画区域でしか定めることはできない。都市計画区域の指定が、都市計画の出発点となる。この部分は、実定都市計画法が、完結的に内容を定めている。

　⇒ 詳しくは第4章「都市計画の対象エリアと決定主体」へ

「誰が」（主体）

　都市計画の決定権限は、その種類・内容に応じて、市町村と都道府県が分担している。広域的・根幹的なものは都道府県が、それ以外は市町村が決定する。この部分は、実定都市計画法が、完結的に内容を定めている。

　市町村の権限を拡大するのが、最近の流れである。

　⇒ 詳しくは第4章「都市計画の対象エリアと決定主体」へ

「どのようにして」（手続）

　市町村又は都道府県が、都市計画を決定するにあたって、住民の意向反映等一定の手続を経ることが求められる。案の公告・縦覧、住民等の意見書の提出機会の付与、審議会への付議などである。この部分は、実定都市計画法が、完結的に内容を定めている。

　このような手続を経ない決定は、瑕疵のあるものとなる。

⇒ 詳しくは第5章「都市計画の決定手続」へ

　以上のことを図で示せば、**図2-①**のとおりである。**図2-②**は、「目的」に係る線引き・用途地域、「場」に係る都市計画区域・準都市計画区域、この二つの要素の空間的な広がりのイメージを図示したものである。

図2-①　都市計画法の構造

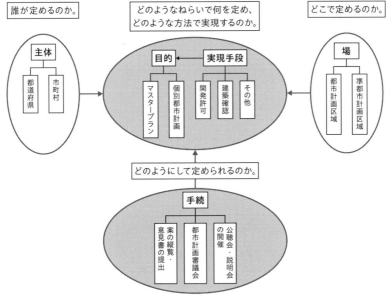

2．都市計画法全体をどのように捉えるか

図2-② 都市計画法の構造（空間的イメージ）

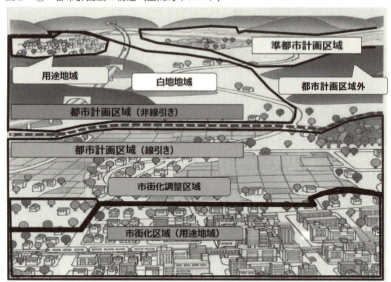

国土交通省資料より

復習問題

Q 都市計画の学問上の定義は、どのようなものですか。

COLUMN③

「スーパー都市計画」

　1986〜1987年頃、誰が言い出したか、「スーパー都市計画」ということがいわれていた。その内容は定かではないが、当時はバブルの真っ盛りであったので、旧来の都市計画は、開発・建築意欲をそぐ、けしからぬものということがあり、それを打破する新しい都市計画が必要というような内容であったと思う。

　筆者は、当時建設省都市計画課に在籍していたので、仕事上、その掛け声の余波を受けていた。筆者からすれば、都市計画の存在を否定しようとする、とんでもない戯言ということになる。仮に「スーパー都市計画」ということが真面目にあるとすれば、いわれているような意味ではなく、緩い規制でしかない我が国の都市計画を欧米諸国並みの強力な規制を持つ都市計画に転換することだと思っていた。

　とはいえ、このような世の中の声を無視するわけにもいかず、要は、大幅な規制緩和を求めるといったことだと理解して、様々な取組みを行った。開発許可制度の運用見直し、特定街区の運用改善、再開発地区計画制度の創設などである。特に、再開発地区計画制度は、公共施設の整備と建築規制とを連動させた、プロジェクト対応型都市計画として、それなりの評価はされている。

　このプロジェクト対応型都市計画をさらに徹底したのが、2000年に創設された都市再生特別地区である。十数年を

経て、ようやく「スーパー都市計画」に近いものが実現したと言えるのかもしれない。

3 我が国の都市計画法の成り立ちは

> **Point**
> ▶ 我が国の都市計画は、明治期に始まっている。都市計画法としては、百数十年の歴史を持つ。

　現行の都市計画法を理解する上で、それがどのような経緯を辿って今に至ったかを理解することは欠かせない。以下では、我が国の都市計画法の沿革を簡単に振り返っておく（**図3参照**）。

東京市区改正条例

　日本は、今から約150年前、封建社会から近代社会に変わる一種の革命を経験した。近代都市計画の歴史は、そこに始まっている。勿論、それ以前の社会でも、それぞれの地域で街づくりの取組みは行われているし、今の日本の多くの都市は、江戸時代以前に、城や寺院が置かれた町が発展したものである。

　近代社会に入って、当時の政府の大きな政策は、一刻も早く欧米諸国に引けを取らない国の形を作ることであり、そのために、あらゆる分野で様々な改革が行われたが、その一環に首都東京を日本の顔として、恥ずかしくないものにすることがあった。それまでの江戸は、道路や水道

図3 都市計画制度の変遷（これまでの主な経緯）

国土交通省資料より

は不十分であったし、一旦火事が起きれば大きな被害がでるほど建物の不燃化もできていなかった。これを近代的な街に作り変えていくことが大きな課題であった。例えば、今の銀座は、このような観点から、この時期の産物である。

日本の都市計画法制の嚆矢は、1888年の東京市区改正条例である。この名前が示すように、この当時の都市計画の専らの関心は東京であった。また、都市計画の内容も、どちらかといえば、土木事業を中心とするものであり、土地利用計画という考え方はあまりなかった。東京市区改正条例の主な内容は、以下のとおりである。

ア　都市施設の予定設計を定めること（具体的には、街路、公園、水道、路面電車などが定められた。）。

イ　都市施設の予定地では、堅牢な建築物の建築が制限されること。

ウ　都市施設に関して、強制収用・超過収用ができること。

　近代化は、別の面からいえば、産業化を推し進めるということであり、産業化の進展は、都市への産業・人口の集中を推し進めるという側面を有している。20世紀に入って産業化が一段と進み、それに伴い、東京だけでなく、他の主要都市、大阪、横浜なども発展し、都市計画がそのような都市でも意識されるようになる。その結果、1907年には、準用という形で他の大都市にも東京市区改正条例が適用されるようになった。

　ちなみに、市区改正は、当時は都市計画という意味で使われていたようであり、条例は法律を指しているので、この東京市区改正条例は、「東京都市計画法」ともいうべきものである。

旧・都市計画法

　このように東京市区改正条例による日本の都市計画も、更なる産業化の進展の中で、大きな問題を抱えていくことになる。即ち、先に述べたように、必ずしも土地利用計画という考え方がなかったため、都市への人口・産業の集中に伴う土地利用の混乱や居住環境の悪化に十分対応できないということである。

　そこで制定されたのが、1919年の都市計画法である。同時に、建築規制を行う市街地建築物法（現在の建築基準法にあたる。）も制定された。これらが、本格的な都市計画法制という意味では我が国最初のものであ

る。現在の都市計画法は、1968年に、この時の都市計画法を全面的に廃止して制定されたものである。名前は、同じであるが、内容は大きく異なるため、1919年の都市計画法は、「旧・都市計画法」と呼ばれている。これとの対比で、現在の都市計画法を「新・都市計画法」とも呼ぶ。

　旧・都市計画法は、1968年に廃止されるまでに数次にわたって改正されているが、以下では制定時の内容を紹介する。

ア　対象都市が広がったこと。
　　制定当時は、市区改正条例の対象であった6大都市だけに適用されていた。その後順次対象を拡大し、1933年には、すべての市と指定する町村が対象となった。

イ　都市計画区域の制度を導入し、行政区域にかかわらず、実質上の都市を都市計画の対象としたこと。
　　この点は、1933年に、行政区域を対象とすることに改められている。

ウ　市街地建築物法との一体化を通じて、施設だけでなく建築物もコントロールの対象とし、土地利用計画という考え方を採り入れたこと。

エ　耕地整理法の準用という形ではあるが、区画整理の仕組みを導入したこと。

オ　超過収用や受益者負担金の制度を導入したこと。

　以上でわかるように、ここにおいて、欧米諸国に比べて不十分であるとの指摘はあるとしても、新・都市計画法につながる本格的な都市計画法制が完成したといえる。

特別都市計画法

　旧・都市計画法が出来て数年後、東京を中心とした地域で大震災が起きて、東京、横浜などは壊滅的な打撃を受けた。これを受けて、震災復興を図るため、特別な組織・特別な法律（特別都市計画法）・特別な予算のもと、震災復興の街づくりが行われた。これは、国家が本格的に取り組んだ初めての街づくりであり、当時の東京の中心であった、今の東

京の東部地域の都市の骨格はこの時作られたものである。この時使われた街づくりの手法は、区画整理であった。この時以来、区画整理は、我が国で代表的な手法として確立していく。その後、第二次世界大戦の終戦までの間、都市計画は、法制面・運用面で、当時の革新的な官僚により、その充実に向けた様々な取組みが行われた。

　敗戦は、日本にとって不幸なことであり、それによって地方都市も含めて、多くの都市が空襲により大きな被害を受けたが、それは、都市構造を作り変える転機ともなり得ることでもあった。このため、国の主導の下に、戦災復興の街づくりが行われた。二度目の国を挙げての街づくりである。この時も、名称は同じであるが、震災復興時とは異なる内容の特別都市計画法が制定された。使われた手法は、震災復興の時と同様に区画整理である。震災復興が東京を中心とした取組みであったのに対し、戦災復興は、全国の主要な都市のほとんどで行われたため、その規模や影響は、震災復興とは比べものにならない。

　震災復興・戦災復興とも、当初の構想・計画は壮大なものであったが、その具体化にあたって、財源問題等に起因する反対に直面して、計画の変更・縮小を余儀なくされたということで共通している。

新・都市計画法

　旧・都市計画法が出来て、半世紀経過した頃、日本は、今までに経験したことのない急激な都市化を経験した。それは、言うまでもなく、1960年代の高度経済成長、それに伴う、三大都市圏を中心とする都市への人口・産業の集中の結果である。このような集中する人口・産業の受け皿とするための開発が、住宅団地開発、工業団地開発の名の下に行われたが、旧・都市計画法は、このような開発が秩序立って行われるようにコントロールする仕組みを持ち合わせていなかった。

　そこで、1968年に制定されたのが、現在の都市計画法である。この新しい法律の最大の目玉が、都市地域について、開発を許容する地域（市

街化区域）と開発を原則抑制する区域（市街化調整区域）に区分（線引き）する仕組みとそれを実効あるものとするための開発許可制度の導入である。これによって無秩序に市街地が拡大することを防止しようとした。旧・都市計画法は、市街地建築物法を引き継いだ建築基準法により個別の建築行為はコントロールしていたが、開発行為やその立地をコントロールする仕組みは持っていなかったのに比べれば、これは、画期的なことであった。ただ、当初の、既成市街地・市街化区域・市街化調整区域・保全区域の4区分の構想が、最終的に2区分になったことなど不徹底さは否めない。

　旧・都市計画法と比べて、新・都市計画法を特徴付けるのは、その他には、都市計画の策定権限の国から地方への移譲と住民の意向反映手続である。旧法では、都市計画は、国が策定することになっていたが、新・都市計画法では、地方公共団体が策定することにした。旧法ではなかった住民の意向を反映する仕組みを取り入れたことは画期的であった。

復習問題

Q 旧・都市計画法と併せて制定された法律は、どのような内容のものですか。

Q 1968年制定の都市計画法の最大の特色は何ですか。二つ挙げて、それぞれ簡単に説明してください。

COLUMN④

「新宿歌舞伎町」

　東京都新宿区歌舞伎町は、日本有数の歓楽街である。あたりを見回しても、歌舞伎関係の施設は見当たらない。それなのに、どうして歌舞伎町であろうか。これには、戦災復興が多少関係している。

　このあたりは、元々は「角筈（ツノハズ）」と呼ばれていた。この周辺も、当然ながら戦災により焼野原となった。その復興にあたり、地元の有志達は、区画整理の実施とともに、この地域を娯楽センターを中心とする一大商業地にすることを考えた。当時の戦災復興の区画整理のほとんどは行政が施行するものであったのに対し、ここでの区画整理は、組合が施行していることに大きな特色がある。民間サイドの意気込みが見てとれる。この区画整理は、1957年に完成する。一方、娯楽センター構想の中心は、歌舞伎劇場を建設することであった。しかしながら、これは、結果として実現しなかった。代わりに、今は取り壊されているが、コマ劇場が作られることとなる。

　この過程で、この地域を歌舞伎町と命名しようと提案した人がいた。当時、東京の都市計画の責任者であった、石川栄耀である。その提案が受け入れられ、1948年に「角筈」は「歌舞伎町」となった。石川栄耀は、大正末期から昭和30年代にかけて活躍した都市計画家で、市民中心の都市計画の重要性、都市における盛り場の大切さなどを唱

えた、当時としては異色の存在であった。歌舞伎町の現在の隆盛は、彼の目にはどのように映るのであろうか。

基礎編

第2章

都市計画の種類とねらい

1 あらまし

> **Point**
> ▶ 都市計画は、都市計画法が定める要件に沿って区域などを決めることで、そのねらい・目的を明らかにするものである。
> ▶ 都市計画には、直接の拘束力を持たないマスタープランとそれを持つ個別都市計画とがある。

　どのようなねらいで何を定めるのか、その基本的部分は実定都市計画法が定めている。実定都市計画法は、この「どのようなねらいで何を定めるのか」の部分を都市計画と定義しており、前述した学問上の都市計画の定義からは狭いものとなっていることには注意を要する。体系都市計画法全体は、学問上の定義に沿った内容となっているのはいうまでもない。

　都市計画とは、実定都市計画法では、「都市の健全な発展と秩序ある整備を図るための土地利用、都市施設の整備及び市街地開発事業に関する計画」となっている。つまり、安全で快適で便利な都市生活と機能的な都市活動を支えるため、目指すべき目標の下に、土地利用に関する用途・機能の配分、密度などを定めるとともに、必要な道路、公園、下水道などの都市施設の位置・区域等を定めるものである。とはいっても、実定法上「都市計画」という、一つのものがあるわけでない。目的ごとに、数十種類のものがある。都市計画は、「○○に関する都市計画」として表示されるので、それによって、具体の都市計画のおよその目的がわ

かる。

　都市計画には、大きくは、土地所有者等に対し、直接的な拘束力を持たないマスタープランと、直接的な拘束力を持つ個別都市計画（マスタープラン以外の都市計画を総称して「個別都市計画」と呼んでいる。）との二つの種類がある。マスタープランと個別都市計画とは、前者が上位で、後者が下位にあるという階層をなしているので、二層構造の都市計画といわれ、この二つが一体となって、「どのようなねらいで何を定めるのか」が明らかになる。我が国では、個別都市計画が豊富な内容を含む一方で、マスタープランの機能が、欧米諸国に比べて貧弱だといわれてきた。それを充実しようとするのが近時の流れである。

　都市計画法が定める都市計画の全体像を示せば、**図4**のとおりである。

図4　都市計画の種類（目的）

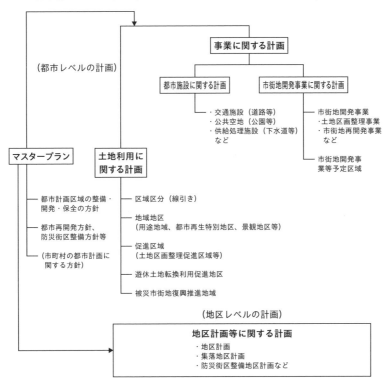

1．あらまし　　33

以下では、それぞれについて概略を説明する。

マスタープラン

　マスタープランは、個別都市計画の前提として、その都市の将来の姿を総合的に明らかにするものである。これによって、土地所有者等に対し直ちに規制が働くといったものではないが、個別都市計画の決定にあたっては、このマスタープランによる拘束を受けるので、行政主体にとっては勿論、土地所有者にとっても重要な都市計画である。このマスタープランには、基本的には二つの種類のものがある。

　一つは、都道府県が、後述の都市計画区域ごとに「都市計画区域の整備、開発及び保全の方針」（都市計画区域マスタープラン）として定めるものである。この方針は、従来は、線引きに関する都市計画の一部として定められていたが、2000年改正において、線引きから独立させて、それを定めない都市計画区域も含めて、すべての都市計画区域で定めることとになった。

　二つめは、市町村が定める都市計画に関する基本的な方針（市町村マスタープラン）である。これは、実定法上は、「都市計画」として位置付けられてはいない。市町村マスタープランは、都市計画区域マスタープランに即して定めなければならない。市町村マスタープランは、1992年改正で導入されたものである。

　これらは、いずれも、マスタープランの充実の流れの一環といえる。

⇒ 詳しくは 2 へ

個別都市計画

　マスタープランを受けて、土地所有者等に対し直接的な拘束力を有する都市計画が定められることになる。この都市計画は、一つというわけではなく、分類にもよるが、数十種類あり、このような個別都市計画は、

すべて実定都市計画法に根拠をおいている。必要に応じ、体系都市計画法に属する個別法でも要件などを細かく規定しており、法律上の要件等に従ってそれぞれの都市計画が定められることによって、都市計画を決定したねらい・目的が明らかとなる。

法律で定めるもの以外の都市計画を決めることは許されない。体系都市計画法は、難解で複雑すぎるといわれることがあるが、これは、このような個別都市計画の種類の多さにも起因している。

個別都市計画を分類すれば、次のようになる。

A	土地利用に関する都市計画	区域区分（線引き） 用途地域など地域地区 促進区域 遊休土地転換利用促進地区 被災市街地復興推進地域
B	事業に関する都市計画	道路、公園など都市施設 土地区画整理事業など市街地開発事業（面的整備事業） 市街地開発事業等予定区域
C	地区計画等	地区計画、防火街区整備地区計画など

以下では、三つのタイプの都市計画のアウトラインを示しておく。

土地利用に関する都市計画

土地利用に関する都市計画は、あるべき都市の姿を実現するために、土地利用のあり方を定めることで、建築活動や開発行為などを規制・誘導しようとするものである。

これからわかるように、この都市計画は、建築確認や開発許可などを通じて、その実現が担保される。土地利用に関する都市計画に属する個別都市計画は多岐にわたる。代表的なのは、市街化区域・市街化調整区域の区域区分（「線引き」）と用途地域である。

土地利用に関する都市計画に関しては、種類ごとに、都市計画法で目的・要件が定まっているので、それに従って種類・区域を決めることによって、具体の都市計画のねらい・目的が確定することになる。

都市計画に基づく規制の基準となるような内容は、多くは実定都市計

画法やそれ以外の個別法（この委任による政令・条例を含む。）で定まっているので、具体の都市計画で規制内容を決めることは少なく、決める場合でもその内容は法律による制約を受けることになる。

⇒ 詳しくは ③・④・⑤ へ

事業に関する都市計画

　事業に関する都市計画は、あるべき都市の姿を実現するために、都市生活・都市活動に必要な公共・公益施設等の配置・規模あるいはその整備のための事業手法を定めるものである。大きくは、都市施設に関するものと市街地開発事業に関するものに分類される。

　当然ながら、そのような都市計画は、事業によって、その実現が担保される。土地利用に関する都市計画が、個別の開発・建築行為を待って初めてその規制・誘導により、その目的が実現されるという、受動的な性格のものであるのに対し、この都市計画は、事業の実施という積極的な手段によるという点で、能動的な性格のものである。我が国の都市計画においては、伝統的に、この都市計画が主流であった。

　都市施設に関する都市計画に関しては、種類・区域のほか、施設の規模・構造等をも定めなければならない。例えば、道路であれば、道路の種別（これに関しては後述する）、車線数などを定めなければならない。

⇒ 詳しくは ⑥ へ

地区計画等

　地区計画等は、都市を構成する地区のあるべき姿を実現するため、土地利用のあり方や公共施設の配置・規模などを定めるものである。内容的には土地利用に関する都市計画と事業に関する都市計画の両方の要素を併せ持つものである。この都市計画は、上述した地区計画等以外の都市計画が、総称して「都市レベルの都市計画」といわれるのに対し、「地区レベルの都市計画」とされ、実務上は、個別都市計画は、大きくはこの二つに分類される。

　この二つの都市計画の違いは、「都市レベルの都市計画」が、その都市全体の観点から必要なことを定めるのに対し、「地区レベルの都市計

画」は、都市レベルの都市計画を前提として、都市を構成する地区の単位で必要なことを定めるということにある。「都市レベルの都市計画」は鳥の目で決めるものであり、「地区レベルの都市計画」は虫の目で決めるものといってよい。

　この都市計画においては、種類・区域のほか、土地利用のあり方に関し、土地利用に関する都市計画とは違って、規制の基準となるような内容は、すべて都市計画の内容としなければならない。施設に関する内容も、その配置・規模を定めなければならない。

⇒ **詳しくは 7 へ**

　以上でわかるように、我が国の都市計画制度において、個別都市計画の種類が多く複雑なのは、日本独自のものと、イギリス、ドイツ、フランス、アメリカをそれぞれ参考にして出来上がったものとが混在していることに起因しているともいえる。これは、実証を要するが、開発許可制度はイギリス、地区計画はドイツ、線引きはフランス、用途規制はアメリカに、それぞれ倣ったといわれている。

都市計画に係る基準・定めるべき内容

　都市計画決定にあたって、個々の都市計画に係る要件等に適合していなければならないことは当然として、実定都市計画法は、それとは別に、個々の都市計画ごとに、「都市計画基準」を定めている。この基準のほとんどは、一般的・抽象的な内容にとどまっており、要件等に係る規定内容の域を出るものではないが、例外的に、個々の都市計画決定にあたって留意しなければならない具体的内容を定めている。これに関しては、それぞれの該当箇所で必要に応じて触れることとする。

　都市計画決定にあたって定めるべき内容は、その種類・区域を定めなければならないことは、ほとんどすべての都市計画で共通している。それ以外に関しては、種類毎に異なり、実定都市計画法あるいは個別法で決められている。その内容は文書とするだけでなく図面でも表示されな

ければならない。図面を添付しなければならないとすることは、即地的な内容を定める都市計画ならではのことである（**図5**参照）。

図5 都市計画に定めるべき内容

都市計画区域マスタープラン	線引き	用途地域	都市再生特別地区	特別緑地保全地区	都市施設 道路	都市施設 公園	地区計画
○目標 ○線引きの有無・方針 ○主要な都市計画の方針	○市街化区域と市街化調整区域との区分	○種類・区域等 ○面積 ○容積率 ○建ぺい率（商業地域を除く） など	○種類・区域等 ○面積 ○名称 ○容積率 ○建ぺい率 ○高さ ○建築面積 ○壁面位置 など	○種類・区域等 ○面積 ○名称	○種類・区域等 ○名称 ○種別 ○構造 ○車線数	○種類・区域等 ○名称 ○種別 ○面積	○種類・区域等 ○名称 ○面積 ○目標等方針 ○地区整備計画（別途策定も可） ・地区施設に関する事項 ・建築物に関する事項（具体的内容はメニューからの選択制）など

注　以上は、主な都市計画におけるもの。都市計画の種類によって定めるべき内容は異なる。

復習問題

Q 個別都市計画を三つに大別すると、どのようになりますか。

Q マスタープランと個別都市計画の違いを説明してください。

COLUMN⑤

「都市計画は廃止できる？」

　答えは、イエスである。現に廃止をした事例もある。都市計画法に廃止の規定はない。かといって、一旦決めたものは未来永劫廃止できないとするのも不合理である。決定より前の状態に戻すという、「ゼロ変更」ということで廃止できるというのが、確定した解釈である。そういった解釈があるということと、都市計画を廃止して良いかは別である。

　今と違って、都市化が疑いようもなく信じられていた時代には、線引きの廃止は適当でないというのが一般的であった。それにもかかわらず、40年近く前、筆者も関わっているが、線引き廃止の基準が作られた。ある都市の線引きの存否が政治的な議論にまでなり、線引き制度自体の存続さえ危ぶまれる状況にあった頃の話である。廃止すべきという理由は、要は、開発抑制を外して、街を元気にしたいというものであった。基準を作ったといっても、他に波及しても困るので、その都市しかほとんど該当しないような基準であったように思う。この基準に意味があったとすれば、その後の「線引き選択制」に先鞭を付けたことであろう。

　将来を見据えないで、短期的な利害だけで、都市計画を扱うのは、慎まなければならない。あの都市はどうなったのであろうか。これとは別に、線引きの廃止は、選択制導入後は、いくつかの都市で行われてはいる。実は、廃止と

いうことでより深刻なのは、事業化の見込みがほとんどない都市施設に関する都市計画の取扱いである。

マスタープラン

基礎編 2章

> **Point**
> ▶ マスタープランとは、都市全体を対象にして、そのあるべき姿を示すものである。
> ▶ 都道府県が決めるものと市町村が決めるものとがある。

　マスタープランには、都道府県が定める都市計画区域マスタープランと市町村が定める市町村マスタープランがある。

都市計画区域マスタープラン

　このマスタープランは、都道府県が、都市計画区域毎に「都市計画区域の整備、開発及び保全の方針」として定めるものである。おおむね20年後の都市を見通した上で、どのような姿を実現していこうとするのかを表すものである。個別都市計画は、この方針に即して定めなければならない。したがって、方針の内容は、それにふさわしいものである必要がある。

　具体的に、以下のような内容を定める。

ア　都市計画の目標
イ　線引きの決定の要否及びその方針
ウ　主要な都市計画の方針

　アの目標は、単に抽象的な理念や課題を述べるだけでなく、その都市

2．マスタープラン　　41

を構成する地域ごとに、例えば、既に市街地を形成している地域、これから市街地となる地域といった類型ごとに、その目指すべき市街地像がイメージできるような内容が望ましい。イ・ウは、直接的に個別都市計画の指針となるものであり、アの目標と個別都市計画とを関連付けるにふさわしい内容のものである必要がある。例えば、道路に関する都市計画に関していえば、その都市の交通体系全体の姿を明らかにした上で、10年以内に整備を予定する路線のおおむねの位置を明らかにすることである。イに関しては、本章 3 「線引きに関する都市計画」において、改めて説明する。

　我が国でマスタープランの充実がいわれてきた背景の一つには、個別都市計画がバラバラに運用され、そこに一貫した考え方が存在しないということがあった。例えば、土地利用と基盤整備とは密接不可分であるにもかかわらず、線引き・用途地域に関する都市計画と事業に関する都市計画との間に必ずしも整合性がないとの指摘があった。マスタープランによって、共通の目標・理念の下に、個別都市計画が決定され、本当の意味での総合的・一体的な都市計画の確立が期待される。都市計画区域マスタープランも都市計画であるので、個別都市計画と同様に、後述する実定都市計画法が規定する手続を経ることが必要である。

市町村マスタープラン

　このマスタープランは、市町村が、都市計画に関する基本的な方針として定めるものである。市町村マスタープランは、都市計画区域マスタープランに即したものでなければならない。このマスタープランは、厳密には、都市計画区域マスタープランとは違って、実定法上の「都市計画」とは位置付けられていない。

　具体的内容に関しては、都市計画法は特に定めていないが、マスタープランという性格からすれば、都市計画区域マスタープランのそれと大きく異なるところはない。市町村が定める都市計画は、市町村マスター

プランに即したものでなければならない。この結果、市町村決定の個別都市計画は、このマスタープランと都市計画区域マスタープランの二つのマスタープランに即したものでなければならないことになる。都道府県の関与ということでは、このようなことも一定の合理性を有してはいるが、都市計画区域が一つの市町村で完結しているのが通常であることからすれば、仕組みとしてはいかがかの感は免れない。分権改革の流れで、市町村決定の個別都市計画の領域が拡大し、市町村マスタープランの役割が増大してきている。このような状況下では、この二つのマスタープランは、上位・下位の関係ではなく、実質的には、都市計画区域マスタープランは都道府県決定の都市計画を主として対象にし、市町村マスタープランは主として市町村決定の都市計画を対象にするといった、役割分担の関係にあると考えることが適切であろう。

　市町村マスタープランは、都市計画ではないので、都市計画法が定める都市計画手続は必要とされないが、別途それに準じた公聴会の開催等の措置は必要である。

その他のマスタープラン

　マスタープランに分類されるものは、以上のほか、以下のようなものがある。いずれも、実定都市計画法に根拠をおくほか、具体の要件等は個別法に定められている。

ア　都市再開発方針（都市再開発法）
イ　住宅市街地の開発整備の方針（大都市地域における住宅及び住宅地の供給の促進に関する特別措置法）
ウ　拠点業務市街地の開発整備の方針（地方拠点都市地域の整備及び産業業務施設の再配置の促進に関する法律）
エ　防災街区整備方針（密集市街地における防災街区の整備の促進に関する法律）

　いずれも、特別な目的から根拠付けられるものではあるが、他方で、

都市計画の総合性の確保を図るマスタープランそのものが、複数存在するのは奇異なことである。将来的には、都市計画区域マスタープランへの一本化が検討されるべきものである。

> **復習問題**
>
> **Q** マスタープランの中で、実定都市計画法上の都市計画とされているものとそうではないものをそれぞれ挙げてください。

COLUMN⑥

「都市五族」

　最近では、あまり耳にすることもなくなったが、役所に入りたての頃、「都市五族」ということがいわれていた。旧建設省都市局において、都市計画の仕事を担う五つの職種グループのことである。具体的には、法律、土木、建築、下水道、公園のグループを指す。旧満州国の理念の一つである五族協和をもじったものであったのであろう。この言葉は、単に五つの職種グループが存在している事実を捉えただけではなく、それがいわれた意味は、良くいえば、この五つのグループがそれぞれの専門分野を活かしながら一緒に仕事をしているということ、悪くいえば、これらグループが同じ局でありながら張り合って仕事をしているということである。おそらくは後者の意味合いが強かった。

　都市計画は、学問上もそうであろうが、行政においても総合性が強く求められるものである。そういうことでは、いろんな専門分野の人間が関わるのは当然である。それぞれのグループが、自分の専門分野に係る価値に重きをおいて仕事をするのも当たり前のことではある。今思えば、それが多少度を過ぎていたとはいえるかも知れない。グループ間での情報共有を怠ったり、グループが違う上司の指示に時に素直に従わないということが見受けられた。勿論、今はそんなことはない。それでも、何となくの壁はあるように感じる。

2．マスタープラン　　45

都市五族の問題は、組織論でいえば、専門性と統合性の調和をどう図るかということであり、トップのリーダーシップに関わることである。都市計画の各論につなげていえば、マスタープランにおける真の意味での総合性・一体性の確保ということになる。都市五族の良い意味での効果を是非発揮してもらいたい。もっとも、下水道の仕事が別の局に移管されはしたが。

線引きに関する都市計画

> **Point**
> ▶ 線引きは、市街化を許容・促進する区域と原則それを抑制する区域の二つに都市を区分するものである。
> ▶ 無秩序な市街化を防止し、一定水準以上の市街地を形成することをねらいとする。

ねらい

　線引きに関する都市計画は、人口・産業の都市への集中に対応して、無秩序な市街化を防止し、計画的な市街化を図ることをねらいとするものである。具体的には、原則的に中規模以上の都市（一定の都市には義務付けがされている。）を対象に、市街化を許容・促進する区域（「市街化区域」という。）と原則それを抑制する区域（「市街化調整区域」という。）の二つに都市計画区域を区分して、それぞれの区域の性格に応じた規制や事業の実施を通じて、その目的の実現を図るものである。

　この都市計画は、旧・都市計画法が急激な都市化にほとんど無力であったのに対し、それへの対応策として、新・都市計画法において、その目玉の一つとして初めて導入された。我が国の都市計画には珍しく立地規制を行うこともあって、社会的・経済的にも大きな影響力のある都市計画である。それだけに、急激な都市化が沈静化した状況にあって、しばしばその要否が議論にのぼる都市計画でもある。

　「計画的な市街化」とは、公共施設の整備の現状・見通しと整合性のと

れた開発が行われる状況である。逆に、「無秩序な市街化」というのは、道路、公園、下水道等必要な公共施設が十分でないままに、宅地の上に建築物が建築されたり、農地が宅地に転換して建築物が建築されたりするという状況を指している。

「市街化」は、別の側面では、農地・森林などの非都市的土地利用が都市的土地利用に転換をするということ、有り体には、農地・森林が潰されて宅地に変わるということである。このことは、農業・林業サイドからは見逃せないことであるので、線引き制度がどのように運用されるかは死活問題となる。このことから、線引きの運用にあたっては、農業・林業サイドとの調整は不可欠である。実際の運用面だけでなく、制度面でも、都市と農業・林業の両サイドの調整がスムーズになるような工夫もされている。

線引きの対象地域

個別都市計画の多くは、その都市計画を決めるかどうかは任意となっているが、線引きに関する都市計画は、一部の地域では義務付けがされている。具体的には、次のような地域である。

ア　三大都市圏として指定されている区域の全部又は一部を含む都市計画区域

イ　指定都市区域の全部又は一部を含む都市計画区域（区域内人口が50万人未満であるものを除く）

現在、上記に該当する都市計画区域以外の都市計画区域では、線引きをするかどうかは任意である。2000年改正以前は、線引き自体が、当分の間、三大都市圏の区域、人口10万人以上の市の区域等に係る都市計画区域にのみ適用され、その対象都市には線引きが義務付けられていた。それ以外の都市計画区域では、線引きをすることはできなかった。

計画内容

　線引きは、内容としては極めてシンプルで、要は都市計画区域を市街化区域と市街化調整区域に区分をするものである。このことから、「線引き」と呼ばれているものである。この区分によって、当該都市計画区域全体にわたって、無秩序な市街化を防止し計画的な市街化を図ろうとする、都市計画のねらい・目的が具体に明らかとなる（**図6**参照）。

図6　区域区分（線引き）のイメージ

国土交通省資料より

　市街化区域と市街化調整区域は、それぞれ次のような特性の土地の区域が指定される。

市街化区域	次のいずれかに該当する土地である。 ア　既に市街地を形成している区域及びこれに接続して現に市街化しつつある区域 イ　おおむね10年以内に優先的かつ計画的に市街化を図るべき区域（集団的優良農地等は含めない。）
市街化調整区域	市街化を抑制すべき区域

　線引きにおいて実質的に問題となるのは、前記のイに該当する区域をどのような規模でどのような場所に設定し、市街化区域とするかということである。アに該当する区域は、データなどによって、ほぼ客観的に決まる。

　市街化区域が定まれば、都市計画区域のうちの市街化区域でない部分

が市街化調整区域ということに自動的になる。

　市街化区域の指定の基準については、運用の方針が示されているが、簡単にいえば、「どのような規模で」ということに関しては、将来の人口見通しと想定人口密度を基に定め、「どのような場所」ということに関しては、計画開発の予定などを勘案して定めることになっている。運用の方針が定められているといっても、具体の線引きにあたって、方針だけで規模や場所が明確になるわけではないので、この点こそが農業・林業サイドとの調整の一番のポイントとなる。

　市街化調整区域は、開発禁止区域ではなく、必要な施設を自ら整備する大規模計画開発は許容するものであることには、注意を要する。

　線引きが十分に効果を発揮するためには、何より開発・建築行為が、その趣旨に沿って規制・誘導されることが必要である。その役割を担っているのが、第3章（「都市計画の実現手段」）で取り上げる開発許可制度である。簡単に紹介すれば、開発許可制度によって、市街化区域・市街化調整区域を通じて一定の水準を確保した開発行為が行われるように規制するとともに、市街化調整区域内の開発に関して立地規制を行うものである。

　ここで、立地規制といっていることの意味を説明しておく。市街化区域においては、開発行為の設計等が求められる基準に合致していれば許可がされる。その適合性の審査はテクニカルなものである。見方を変えると、開発行為の設計等が同じであれば、どこでそれを行っても許可がされる。これに対し、市街化調整区域における立地規制においては、このようなテクニカルな審査だけではなく、その行為がどのような目的で行われるのか、一つ一つの行為の積み重ねが全体にどのような影響を及ぼすかなどの政策的要素を審査の対象にする。見方を変えると、開発行為の設計等が同じであっても、許可されるものと許可されないものが出てくることになる。

線引きの効果

　線引きの最大の効果は、前述した開発許可制度の適用である。それ以外で、線引きの効果として挙げることができるのは次のようなことである。これらは、いずれも線引きが、その趣旨を実現できるようにするためのものである。

ア	基盤整備	公的主体による基盤整備は、市街化区域では積極的に行い、市街化調整区域では原則行わない。
イ	用途地域	市街化区域で用途地域を定め、市街化調整区域内においては、原則として定めない。
ウ	農業との調整	市街化区域内の農地に関しては、農地法上の転用許可は不要である（別途届出は必要）。積極的な農業投資は、市街化区域内では行わない。
エ	固定資産税課税	三大都市圏における一定の都市に係る市街化区域内の農地に関しては、原則として、宅地並みの課税を行う。

　基盤整備と用途地域については、詳しい説明は要しないと思うが、要するに、それぞれが市街化調整区域の性格にはなじまないということである。アの基盤整備に関して、市街化調整区域では原則行わず、市街化区域で行うということは、見方を変えれば、基盤整備を担う公的主体に対して、線引きによって、市街化区域内での基盤整備の責任を課したということができる。もっとも、市街化区域が、当初の目論見よりも相当広めに設定されたことで、実態上この責任は十分に果たされているとは言い難い。

　ウの農業との調整については、宅地への転換を円滑に進めようとする観点から、農地転用の許可に代えて、より簡易な手続である届出で足りることとして、線引き制度との制度的な整合性を図ったものである。その前提として、線引きに関する都市計画の導入に合わせて、農業振興区域というゾーニングの仕組みが農業サイドに導入され、市街化区域以外の地域が、その対象となることになっている。

　エの固定資産税課税に関しては、農地でありながら「宅地並み」と扱われることで負担を重くし、それによって宅地化へのインセンティブを

与えようとするものである。このような対応は、線引きの趣旨からすれば適切なものであるが、一方で農地所有者の反発は大きく、課税強化に反対する声も根強かった。様々な経緯をたどった末、現在は、地域地区の一つである生産緑地の区域内の農地を除いて、宅地並み課税を行うこととされている。

　生産緑地に関する都市計画を簡単に説明すると、農業の用に供されている農地等について、緑地としての機能に着目して、その保全を図るために定めるものである。実質的には、宅地並み課税の対象から除外される農地等の受け皿の役割を果たしている。

居住調整区域

　線引きに関連して、地域地区に関する都市計画の一つである居住調整区域に触れておきたい。居住調整区域は、第8章（「都市計画法の変化を捉える」）で取り上げる都市再生特別措置法による立地適正化計画に基づいて決定されるものである。

　その性格を一言でいえば、市街化区域内における「ミニ線引き」である。居住調整区域が指定されると、その区域内では市街化調整区域とほぼ同様の規制が働く。このねらいは、今後の都市計画の一つの方向であるコンパクト・シティの実現である。この実現のためには、現在の市街化区域では広すぎるので、市街化区域での開発行為の立地をコントロールすることが不可欠である。他方で、従来の仕組みにはそのための適当な手法がなかったことから、立地適正化計画制度の中で導入されたものである。「ミニ線引き」というのは、市街化区域を実質上二つに区分する性格のものであることによる。

具体の運用

　以下では、線引きの運用の考え方やその実態を説明する。

線引きは、248の都市計画区域で決定され、618市町村が対象となっている。都市計画区域全体では、約25％の都市計画区域で、市町村全体では半数近くの市町村で線引きが行われている。**図7**で示すように、線引きを行っている都市計画区域全体でみると、市街化区域が約145万ha、市街化調整区域が376万haとなっている。

図7　線引きの決定状況

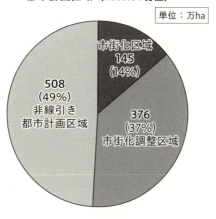

　線引きが義務化されている都市を除き、線引きをするかどうかは、都市計画マスタープランで決まる。その要否の基準は法令では定まっていないので、都道府県が、線引きの目的である「無秩序な市街化を防止し、計画的な市街化を図る」ことが必要かどうかを個別的に判断することになる。具体的には、市街地の拡大・縮小の可能性、公共施設の整備状況等を勘案しての都市的土地利用の拡散を制限する必要性の程度、自然的環境の保全への配慮などを考慮する。

　実態からいえば、2000年改正により、一部を除き、線引きが選択制となる以前には、人口10万人以上の都市には線引きの義務付けがなされ、ほとんどの都市で現実に線引きがされていたので、線引きの要否というのは、現実には、線引きの廃止の妥当性の判断ということになる。これ

に関しては、新たに線引きをする場合よりも、より慎重な判断が必要とされる。具体的には、廃止により、開発行為がむやみに拡大する可能性がないかどうか、拡大するとすれば、そのことがもたらす既成の市街地における空家・空地の増加や既存インフラの非効率な利用等の影響を慎重に見極めるべきとされる。現実に、いくつかの都市計画区域で線引きが廃止されている。他方で、選択制の導入後に、新たに線引きを行ったのは、山形県鶴岡市以外には聞かない。

　線引きに関しては、その要否以上に、線引きをするにあたって、市街化区域をどのような規模で、どこに設定するかが問題となる。線引きのタテマエは別として、土地所有者等や開発事業者からすれば、規制の緩い市街化区域の設定を希望する。線引きをする都道府県からすれば、計画的な市街化という観点から、基盤整備面での対応可能性も考慮して、できるだけコンパクトな市街化区域の設定を目指す。先に、市街化区域が、当初の目論見よりも広めに設定されたと述べたが、これも、このようなせめぎ合いの結果である。

　市街化区域の設定基準として、実務上は、人口フレーム方式が採用されている。「人口フレーム方式」とは、人口を最も重要な市街地規模の算定根拠とし、これに世帯数や産業活動の将来の見通しを加えて市街地として必要と見込まれる面積（フレーム）を割り出し、それを即地的に割り付ける方式である。フレームとは、簡単にいえば、例えば住宅のみを想定した場合、人口の見通しが10万人とし、人口密度が50人／haとすれば、2,000haの市街地が必要ということになる。人口密度は、1世帯当たりの人数と1住宅あたりの敷地規模を想定して割り出す。

　このフレームの即地的な割り付けは、フレームが示す必要な面積の範囲内で、市街化区域の定義である「既に市街化している区域及び10年以内に優先的かつ計画的に市街化を図るべき区域」に基づき行われる。「既に市街化している区域」に関しては、定量的データにより、客観的な判断が可能である。「10年以内に優先的かつ計画的に市街化を図るべき区域」に関しては、市街化の状況等の実態的な判断だけでなく、ある種の

政策的な判断も必要である。つまり、この場合の市街化区域に設定する基準は、次のようなことである。

ア　既に市街化している区域の周辺の区域で10年程度で市街地になることが見込まれるもの

イ　土地区画整理事業等の計画開発の実施が確実に見込まれるものであること

ウ　幹線道路等の沿道で基盤整備が行われ、計画的な市街化が確実と見込まれるものであること

　この基準に該当すれば、市街化区域に設定される。

　この人口フレーム方式に関しては、人口の見通しの不確実さ、さらには、そもそも現実の都市の発展動向を算術的な要素で割り切って良いのかなど、批判も存在する。それを受けて、いくつかの見直しもされてきている。

　上記とは別に、災害の恐れのある区域、集団的優良農地などは市街化区域に含めてはならない。

　このようにして、市街化区域が定まれば、その都市計画区域内で市街化区域でない区域が市街化調整区域となる。量的には、市街化区域よりも市街化調整区域が広い。規制の緩い市街化区域の設定への圧力にもかかわらず、計画的な市街化という線引きの趣旨を守ろうとした結果といえる。

復習問題

Q 線引きを義務付けられているのは、どのような都市ですか。それ以外の都市では線引きはできるのでしょうか

Q 市街化区域の指定の効果として、どのようなことがありますか。都市計画法以外の効果も含めて答えてください。

Q 市街化区域と市街化調整区域とでは、どちらの面積が大きいですか。

3．線引きに関する都市計画

COLUMN⑦

「集落地域整備法のこと」

　集落地域整備法は、線引き制度が実施されて以来、政策面で、都市サイドからも農業サイドからも取り残された、市街化調整区域内の都市近郊集落について、良好な居住環境の確保と営農条件の改善とを図ろうとするものである。集落地区計画は、その中に位置付けられる都市サイドの計画である。勿論、農業サイドにも、これと並び立つ計画がある。この法律の趣旨には誰も異論は差し挟めないであろう。筆者にとっては、当時立法作業を担当し、農林水産省は勿論、省内での調整にも大変な苦労があったので、その分思い入れも深い。制度創設以来約40年経つが、それほど活用されていない。残念なことである。

　この法律は、建設省と農林水産省の対等共管である。全くの対等共管の法律というのは、そうあることではない。両省間で、きちっとしたすみ分けをして、それぞれの立場が害されることのないような内容になっている。あまりにきれいに配慮が行き届きすぎたというのは、法律の内容ばかりでなく、運用方針においてもそうである。今思うと、このようなことが、使われない原因の一つではなかったかと思っている。

　配慮といっても、この場合は、霞が関における両省の立場へのものである。考えてみれば、そんなことは、地域にとっては、ほとんど関係のないことである。省のメンツな

どより、地域のニーズをきちっとくみ取り、いかに使いやすい仕組みにするのが大切であると、つくづく思う。集落地域整備法が美しすぎる内容である一方で使われない法律であるとすれば、求められるのは、どろどろした内容ではあっても使われる法律ということであろう。集落地域整備法も、いくつかの運用改善も行われているので、積極的活用を望みたい。

4 用途地域に関する都市計画

> **Point**
> ▶ 用途地域は、市街地全体を住居、商業、工業などの用途に区分するものである。
> ▶ これによって、用途の混在の防止、必要な都市機能の確保、空間の容量のコントロールをねらいとする。

ねらい

　用途地域に関する都市計画は、主に住居、商業、工業という用途に着目して地域を区分することにより、市街地の大枠の土地利用のあり方を示すことを基本的なねらいとする。具体的には、すべての都市計画区域において、相隣関係的観点のみならず、都市全体の適正な都市機能の配置と密度構成の観点から、住居系・商業系・工業系といった、13種類の区域に区分するものである。これを通じて、用途の混在の抑止、密度・形態の適正化等による住居の環境の保護、商工業の利便の増進などを図るものである。

　「適正な都市機能の配置」というのは、都市は人が集まり住み暮らすということが基本である一方、その暮らしが成り立つためには商業も工業も大切で、これらがバランスがとれていることが必要ということである。「適正な密度構成」というのは、安全性や快適性を備えた良好な環境を保持するためには、平面的にも立体的にも都市空間の容量をコントロールすることが必要ということである。

この都市計画は、旧・都市計画法の時代から存在しているものであり、良くも悪くも社会的に定着している。他方で、計画内容が大雑把で規制が緩すぎるといわれたり、他方で、硬直的に過ぎるといわれたりもする。規制緩和の流れの中で、その俎上に載せられることも多い。

　ここで、我が国の建築規制が大雑把で緩過ぎるということに関連して、我が国特有のものといわれることの多い、「建築自由の原則」に触れておく。「建築自由の原則」とは、どのような用途・形態の建築物を建築するかは、基本的には土地所有者等の自由に委ねられ、そうした自由への制約は例外的なものでなければならないという考え方である。土地利用規制は、まさに自由の制約と捉えられる。この原則と対照をなすのが、欧米の都市計画を貫く「建築不自由の原則」である。これは、どのような用途・形態の建築物を建築するかは、土地所有者等の自由に委ねられているわけでなく、強い制約の下にあるという考え方である。この原則の下では、土地利用規制は、不自由を解除するものと捉えられる。土地利用規制に関し、それを自由への制約とみるのか、不自由を解除するものとみるのかでは、根本的な思想を異にしている。

　用途地域を詳説する前に、用途地域も含まれる地域地区の範疇に属する個別都市計画の全体を図8で示しておくこととする。これでわかるように、地域地区に含まれる個別都市計画は極めて多岐にわたっている。理解の一助でもなればということで、用途型、防火型、形態型、景観・文化型、緑型及び整備型と、タイプ分けをしている。これは、実定法上のものではなく、あくまで便宜上のものであることをお断りしておく。これらのうち、「用途地域を補完する都市計画」として位置付けているものは本章4で、それ以外のものは5で、それぞれ取り上げる。

図 8　地域地区の種類

	種類	ねらい（規制内容）	個別法
用途型	用途地域	用途を適正に配分して都市機能を維持増進し、住居の環境を保護し、商業、工業等の利便を増進しようとするもの（用途、容積率、建ぺい率等）	建築基準法
	特別用途地区＊	用途地域内において当該地区の特性にふさわしい土地利用の増進、環境の保護等を図ろうとするもの（用途）	建築基準法（条例に委任）
	特定用途制限地域＊	用途地域が定められていない区域（市街化調整区域を除く。）内において、良好な環境の形成・保持のため、当該地区の特性にふさわしい合理的な土地利用を図ろうとするもの（用途）	建築基準法（条例に委任）
	特定用途誘導地区＊	立地適正化計画における都市機能誘導区域において、当該区域に係る都市機能の確保のための建築物の誘導を図ろうとするもの（用途、容積率、建築面積、高さ）	都市再生特別措置法 建築基準法
	居住環境向上用途誘導地区＊	立地適正化計画における居住誘導区域内において、当該区域に係る居住環境向上のための施設の誘導を図ろうとするもの（用途、容積率、建ぺい率、高さ、壁面位置）	都市再生特別措置法 建築基準法
	居住調整地域	立地適正化計画における居住誘導区域外の区域で、住宅地化を抑制しようとするもの（立地等） 注　厳密には、用途規制ではなく、開発行為等の規制を行うもの	都市再生特別措置法
防火型	防火地域・準防火地域	市街地における火災の危険を防除しようとするもの（防火上の構造制限）	建築基準法
	特定防災街区整備地区＊	密集市街地において、防災機能の確保・土地の合理的かつ健全な利用を図ろうとするもの（敷地面積、壁面位置、間口率、高さ）	密集市街地における防災街区の整備の促進に関する法律 建築基準法
形態型	高度地区＊	用途地域内において市街地の環境を維持・増進しようとするもの（高さ）	建築基準法
	特定街区	市街地の整備・改善を図ろうとするもの（容積率、高さ、壁面位置）	建築基準法
	高度利用地区＊	用途地域内において土地の合理的かつ健全な高度利用と都市機能の更新を図ろうとするもの（容積率、建ぺい率、建築面積、壁面位置）	建築基準法
	高層住居誘導地区＊	住居とそれ以外の用途とを適正に配分し、利便性の高い高層住宅の建設を誘導しようとするもの（容積率、建ぺい率、敷地面積）	建築基準法
	特例容積率適用地区＊	一定の用途地域内において、未利用の容積の活用により土地の高度利用を図ろうとするもの（高さ）	建築基準法
	都市再生特別地区＊	都市再生緊急整備地域内で、都市再生に貢献し、土地の合理的かつ健全な高度利用を実現するための建築物の誘導を図ろうとするもの（用途、容積率、建ぺい率、建築面積、高さ、壁面位置等）	都市再生特別措置法 建築基準法

類型	地区名	内容	個別法
景観・文化型	景観地区	市街地における良好な景観の形成を図ろうとするもの（形態意匠、高さ、壁面位置、敷地面積）	景観法 建築基準法
	伝統的建造物群保存地区	伝統的建造物群及びこれと一体となって価値を形成している環境の保存を図ろうとするもの	文化財保護法 （条例に委任）
	風致地区	都市の風致の維持を図ろうとするもの	（条例に委任）
	歴史的風土特別保存地区（第一種・第二種歴史的風土保存地区）	古都の歴史的風土の保存を図ろうとするもの	古都における歴史的風土の保存に関する特別措置法 （明日香村における歴史的風土の保存及び生活環境の整備等に関する特別措置法）
緑型	緑地保全地域	無秩序な市街化の防止等のため又は地域の健全な生活環境の確保のため必要な緑地の保全を図ろうとするもの	都市緑地法
	特別緑地保全地区（近郊緑地特別保全地区）	無秩序な市街化の防止等に必要な遮断・緩衝・避難地帯として適切であること、神社等と一体となって伝統・文化的意義を有すること、風致景観が優れていることなど一定の要件に該当する緑地の保全を図ろうとするもの	都市緑地法 （首都圏近郊緑地保全法） （近畿圏の保全区域の整備に関する法律）
	緑化地域	用途地域内で緑地が不足している区域において、良好な生活環境の形成のため、緑化の推進を図ろうとするもの（緑化率）	都市緑地法
	生産緑地地区	都市における農地等の適正な保全による良好な都市環境の形成を図ろうとするもの	生産緑地法
整備型	駐車場整備地区	商業地域・近隣商業地域等の自動車交通が輻輳する地区内等において、道路の効用の保持・円滑な道路交通の確保を図ろうとするもの	駐車場法
	臨港地区	港湾の管理運営を図ろうとするもの（用途等）	港湾法 （条例に委任）
	流通業務地区	流通機能の向上・道路交通の円滑化のため流通業務市街地の整備を図ろうとするもの（用途）	流通業務市街地の整備に関する法律
その他	航空機騒音障害防止（特別）地区	特定の空港周辺の著しい航空機騒音による障害の防止を図ろうとするもの（防音上の構造等）	特定空港周辺航空機騒音障害対策特別措置法

注1 類型は、実定法上のものではなく、あくまで便宜上のものである。
注2 個別法とは、実定都市計画法以外で当該個別都市計画に関連する法律をいう。
注3 ＊は「用途地域を補完する都市計画」として位置付けている個別都市計画をいう。

計画内容

用途地域は、線引きと比べて、複雑な内容を持っている。

用途地域とはいっているが、これは、それぞれに目的を有する用途区分の総称に過ぎないものである。本書では、各用途区分のいずれかが指定された区域という意味で、「用途地域」の名称を使用する。

その用途区分の種類・目的は、次のとおりである。

住居系区分（8種類）

第一種低層住居専用地域	低層住宅に係る良好な住居の環境を保護するため定める地域
第二種低層住居専用地域	主として低層住宅に係る良好な環境を保護するため定める地域
第一種中高層住居専用地域	中高層住宅に係る良好な住居の環境を保護するため定める地域
第二種中高層住居専用地域	主として中高層住宅に係る良好な住居の環境を保護するため定める地域
第一種住居地域	住居の環境を保護するため定める地域
第二種住居地域	主として住居の環境を保護するため定める地域
準住居地域	道路の沿道としての地域の特性にふさわしい業務の利便を図りつつ、これと調和した住居の環境を保護するため定める地域
田園住居地域	農業の利便の増進を図りつつ、これと調和した低層住宅に係る良好な住居の環境を保護するため定める地域

商業系区分（2種類）

近隣商業地域	近隣の住宅地の住民に対する日用品の供給を主たる目的とする商業その他の業務の利便を増進するため定める地域
商業地域	主として商業その他の業務の利便を増進するため定める地域

工業系区分（3種類）

準工業地域	主として環境の悪化のおそれのない工業の利便を増進するため定める地域
工業地域	主として工業の利便を増進するため定める地域
工業専用地域	工業の利便を増進するため定める地域

用途地域においては、対象区域を前述の13種類のいずれかに区分して、その種類・区域等を定めなければならない。市街化調整区域は別として、都市計画区域全体を区分することもできないわけではないが、通常は都市計画区域の一部の地域を区分する。都市計画区域を指定しても、この区分を行わないことも認められるが、そのような事例は極めて稀である。

　用途区分と併せて、建築基準法で定められた範囲内で、各区域に応じて容積率・建ぺい率等の具体の数値を都市計画の内容として定めることが必要である。

　このような用途区分や容積率・建ぺい率等の設定によって、当該区域について、どのような都市機能の配置と密度構成の市街地を目指すのかという、都市計画のねらい・目的が具体に明らかとなる。

　線引き都市計画区域では、市街化区域には用途地域を定める必要がある。市街化調整区域では原則として定めない。それ以外の非線引き都市計画区域では、通常、建築物が一定程度連担している市街地あるいは市街地となる可能性がある地域に用途地域が指定される。

　この用途区分は、図面では、住居系が緑～黄～オレンジ、商業系がピンクか赤、工業系が紫か青で、それぞれ表示されるので、「色塗り」と呼ばれる（**図9**は、モノクロ表示で「色塗り」にはなっていないが、そのイメージだけでもつかんでもらうため示している。）。

用途地域の効果

　用途地域の効果として、建築基準法に基づく建築確認に際しての規制がある。具体には次のような規制が働くことになる。

ア　用途
イ　容積率
ウ　建ぺい率
エ　敷地面積
オ　外壁の後退距離（一部の用途区分のみ）

4．用途地域に関する都市計画

図9　用途地域のイメージ

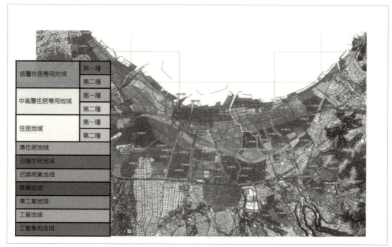

国土交通省資料より

カ　絶対高さ（一部の用途区分のみ）
キ　斜線制限（道路・隣地・北側に係るものの3種類がある。隣地・北側斜線は一部の用途区分のみ）
ク　日影規制（一部の用途区分のみ）

　アの用途規制に対して、イからクの規制は、まとめて形態規制と呼ばれる。

　用途・容積率・建ぺい率・斜線制限・日影規制については、用途地域が定められていない地域でも規制が働くので、用途地域による固有の規制ではないことには注意を要する。上記でわかるように、用途地域の指定による基本的な効果は、用途・容積率・建ぺい率である。この三つの規制は、一般に、都市計画との関係が強く意識されるが、他の規制は、都市計画というよりも、単なる建築規制と認識されることが多い。

　用途は、その定義の説明を要しないであろうが、容積率・建ぺい率の定義は、次のとおりである。

容積率	建築物の延床面積の敷地面積に対する割合
建ぺい率	建築物の建築面積の敷地面積に対する割合 (建築面積とは敷地のうち建築物で蔽われている部分をいう。)

　用途規制のねらいは、主として用途の混在の抑止である。

　容積率規制のねらいは、道路等の公共施設とのバランスと採光・通風等の確保である。

　建ぺい率規制のねらいは、建て詰まりの防止による採光・通風等の確保である。

　用途地域の指定によって、規制が働くといっても、その根拠は、用途規制と容積率・建ぺい率規制では違っている。

　用途規則にあっては、用途区分毎に建築基準法で規制内容が決まっているので、都市計画で規制内容を決める必要はなく、建築基準法が直接的な根拠となる。

　容積率・建ぺい率規制にあっては、その最高限度に関し、建築基準法で選択できる数値メニューが示され、その中から個々の都市計画で数値が選択され決められるので、直接的には都市計画が根拠となる（商業地域における建ぺい率は、建築基準法で一つに定まっているので、都市計画で決めるに及ばない。）。

　いずれにしても、用途地域は、建築基準法とは切っても切り離せないものである。規制基準の具体的内容は、実現手段とも関係するので、第3章（「都市計画の実現手段」）において説明する。

　線引きがされていない都市計画区域内において、用途地域が指定された区域は、実態上市街化区域とほぼ同様の扱いがされる。

具体の運用

　用途地域は、線引きの有無にかかわらず、すべての都市計画区域で指定されるものである。全国の都市計画区域1,029万haのうち、188万haで指定されている。

都市計画区域の中で、どこに用途地域を指定するかに関して、線引きにおける人口フレーム方式のような、実務上定着した基準はない。現実の市街地の形成状況、将来の市街化の見通し等を勘案して、個別に判断することになる。ちなみに、市街化区域（145万ha）は用途地域を指定することとされているので、非線引き都市計画区域で、用途地域を指定しているのは43万haである。非線引き都市計画区域は、508万haであるので、その割合は1割にも満たない。このような低い割合となっているのは、非線引きの都市計画区域は、市街化の進展が緩やかであることの反映でもある。

　非線引き都市計画区域で用途地域が指定されていない区域は、先の「色塗り」をしていないという意味で、「白地地域」と呼ばれる。この「白地地域」というのは、規制が全く存在しないということではなく、用途地域が指定された区域よりも粗くはあるが、建築基準法による規制は働いている。同じく用途地域が指定されない市街化調整区域では、建築基準法による規制に加えて、別途、開発許可制度による規制が働くことになる。

　13種類の用途区分は、次のように分類することができる。

住居・専用系	第一種低層住居専用地域 第二種低層住居専用地域 第一種中高層住居専用地域 第二種中高層住居専用地域
住居・混在系	第一種住居地域 第二種住居地域 準住居地域 田園住居地域
商業系	近隣商業地域 商業地域
工業・混在系	準工業地域 工業地域
工業・専用系	工業専用地域

　用途地域が指定された188万haについて、上記の区分毎の割合は、図

図10　用途地域の決定状況

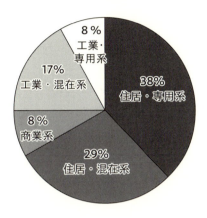

10に示すようになっている。これを専用系かどうかでみると、次のようになる。

専用系	約46%
それ以外	約53%

　用途地域における13種類の用途区分及び区分ごとの容積率等の設定にあたって、一般的には、種類の異なる土地利用が混じっていると、互いの生活環境や業務の利便に支障が生ずるので、用途の混在は避けるという考え方が採られる。逆にいえば、都市における住居、商業、工業といった土地利用は、似たようなものが集まっていると、それぞれに合った環境が守られ、効率的な活動を行うことが可能となるということである。このような観点からは、一般的には専用系の用途区分が望ましいことになる。

　この考え方を住宅地にあてはめれば、住居の環境の悪化をもたらす恐れのある施設が排除される専用性の高い用途区分の指定の適否がまずは検討されるべきということになる。具体には、良好な低層住宅地の形成を図る区域に関しては、一部施設を除けば住宅しか立地できない、住居

の専用性が最も高い第一種低層住居専用地域が、それが難しければ、多少専用性においては緩い第二種低層住居専用地域が検討される。良好な中高層住宅地の形成を図る区域に関しても、同じような考え方で、第一種中高層住居専用地域、第二種中高層住居専用地域が、それぞれ検討されるべきということになる。

　これら専用地域の指定の可能性をあたった上で、それが不適当あるいは困難な時に初めて、その他の住宅地にあって、原則として第一種住居地域又は第二種住居地域に区分されるということになる。

　準住居地域は、道路の沿道において、それにふさわしい業務の利便の増進と住居の環境の保護との調和を図ることが必要な区域に定める。

　田園住居地域は、農地の保全と建築物の規制を一体で行うことが必要な区域に定める。13種類ある用途区分の中で、2017年に創設された最も新しいものである。田園住居地域に関しては、他の用途区分におけるものとは性格の異なる規制があるが、これに関しては、後述する。

　ちなみに、それぞれで「第一種」と「第二種」の違いは、住宅以外で、日常生活の利便のため必要な施設等の用途をどこまで許容するかで、「第二種」が、「第一種」に比べて、住宅以外の用途の許容範囲が広い。ちなみに、住居・専用系用途区分において、「第一種」と「第二種」とは、およそ3：2の割合となっている。

　工業地にあっても、専用系の用途区分が望ましいという観点から、環境の悪化をもたらす恐れのある工場等と住宅とは完全に分離した専用性の高い用途区分の指定の適否がまずは検討されるべきということになる。具体には、工業に特化した土地利用を図る区域や新たに工業地として計画的に整備する区域等に関しては、住宅が立地できず、一部施設を除いて工場しか立地できない工業専用地域が検討されるべきということになる。

　工業専用地域の指定の可能性をあたった上で、それが不適当あるいは困難な時に初めて、その他の工業地にあって、工業地域又は準工業地域に区分されることになる。これら二つの地域は、様々な施設の立地を許

容し工場の専用性が低いという点は共通しているが、準工業地域では、火災危険性、公害発生等の恐れの大きいものが立地できないという点で、住居の立地に配慮した区分となっている。

　商業地については、住宅地や工業地と違い、専用性を高めるという考え方はない。むしろ、その性格に照らして、賑わいの創出や交流の拠点という役割に着目からすれば、用途の混在が望ましいともいえる。大都市であれば都心・副都心、地方の中小都市であれば中心市街地、郊外における大規模店舗の立地を図る拠点的な地区等に関しては、商業地域に区分される。

　商店街等近隣の住宅地の住民に対する日用品の供給を主たる内容とする店舗等の立地を図る区域、隣接する住宅地との環境の調和を図る必要のある区域等に関しては、近隣商業地域に区分される。

　商業地は別として、住宅地・工業地に関し専用性を高めることが望ましいといっても、それには限界がある。実際の用途地域指定にあたっては、特に既成の市街地においては、現実の建築物の建築実態にも配慮せざるを得ないということがある。つまり、用途地域の指定によって、それまでの用途・形態では建替えができなくなる建築物、いわゆる「既存不適格建築物」が相当数発生するような事態はできるだけ避けなければならないということである。その結果、専用系の用途区分よりも緩い規制とならざるを得ないことになる。先に述べた、専用系用途区分の割合が、半数を下回っているのは、このことの反映でもある。

　既に述べたとおり、用途地域に関する都市計画においては、用途区分のほか、その区分ごとに、建築基準法で与えられた選択メニューの中から容積率及び建ぺい率の最高限度を設定しなければならない。具体の数値は、メニューの中から、都市計画の内容として定まる。（商業地域における建ぺい率に関しては、建築基準法で一つに定まっているので、都市計画で定める必要はない。）。

　具体の数値の設定に関しては、第3章3（「用途地域に関する都市計画の実現手段」）でも触れるが、ここで、一般的な考え方を述べれば、

4．用途地域に関する都市計画

各区分毎に与えられた選択メニューの中で低い数値であればあるほど環境の保護にはより大きく貢献する一方で、実態を考慮しない低い数値は計画としての妥当性を欠くことになる。標準的には、与えられたメニューの中で中間的な数値を選択するというのが基本になる。例えば、第一種・第二種低層住居専用地域の容積率は、メニューでは50、60、80、100、150、200％となっているので、その中間値である80％が標準となる。

勿論、大都市か中小都市かといった都市の特性、あるいは住居の環境保護の必要性、公共施設の整備状況、土地の高度利用の可能性等を個別に考慮して、中間値以外の別の数値を選択することは可能である。例えば、土地区画整理事業等により面的に公共施設を整備して新たな市街地に形成を図ろうとする場合、第一種低層住居専用地域を指定した上で、容積率を低めの50％とすること、大都市において、必要な公共施設が整備され、特に高度な商業集積を図ることが必要な場合、商業施設に指定した上で、容積率を中間的な数値を超える900％以上とすることなどである。

用途地域を補完する都市計画

用途地域を補完する都市計画とは、根幹的な都市計画である用途地域の指定によって定まる規制（いわゆる「一般規制」）に特例的に修正・追加を加えるものである。

修正とは、用途地域が指定されると必ず規制が及ぶ、用途、容積率及び建ぺい率などに関し、その規制を強化又は緩和するということである。以下で述べるもののほとんどは緩和型のものである。追加とは、用途地域が指定されても必ずしも規制が働くとは限らない項目に関し、新たに規制を加えようとするものである。建築面積規制、壁面位置制限などがこれにあたる。

用途地域を補完する都市計画にはいくつかの種類があり、当然ながら

すべて地域地区に分類される。この都市計画は、都市計画の運用の面で重要な役割を担うものもあり、用途地域に関する都市計画を理解する上でも大切である。

一般規制の修正・追加ということでは、地区計画等もそれに該当するが、これに関しては本章 7 で述べることとして、ここでは地域地区に属するものを取り上げる。

地域地区で一般規制に修正・追加を加えるものには、以下のようなものがある。左側が都市計画の種類で、右側が修正・追加ができる規制項目である。

都市計画の種類	修正・追加ができる規制項目
特別用途地区 特定用途制限地域	用途規制
特例容積率適用地区	絶対高さ規制
高層住居誘導地区	容積率規制・建ぺい率規制・敷地面積規制
高度地区	高さ規制
高度利用地区	容積率規制・建ぺい率規制・建築面積規制・壁面位置制限
特定街区	容積率規制・高さ規制・壁面位置制限
都市再生特別地区	用途規制・容積率規制・建ぺい率規制・建築面積規制・高さ規制・壁面位置制限・日影規制
居住環境向上用途誘導地区	容積率規制・建ぺい率規制・高さ規制・壁面位置制限
特定用途誘導地区	用途規制・容積率規制・建築面積規制・高さ規制
特定防災街区整備地区	敷地面積規制・壁面位置制限・間口率規制・高さ規制

用途地域を補完する都市計画として整理はしていないが、これらと同じように建築基準法に関係する地域地区として、防火地域・準防火地域がある。この都市計画は、建築物の耐火性能を規制するもので、大都市などを中心に広く活用されている。

以下では、上記の中で、よく話題にのぼる特別用途地区、特定街区及び都市再生特別地区を説明する。

特別用途地区は、都市計画では対象区域だけを定め、条例で、用途地

4．用途地域に関する都市計画

域の指定で定まる用途規制の強化又は緩和を行うものである。用途地域の指定で定まる用途は、相当程度、許容範囲が広いので、通常は、特定の用途の利便増進あるいは環境の保護の必要がある場合に活用される。例えば、文教地区、中小小売店舗地区といったように、特定の用途に特化した地区を目指そうとする時である。

特定街区は、高さの最高限度・壁面の位置の制限という追加的な制限によって周辺の環境に配慮しながら、容積率の緩和を行うものである。相当程度のまとまりのある土地の区域を対象として、一層の高度利用の実現に寄与するプロジェクトの促進を図ろうとする場合に活用される。ある時期まで、容積率緩和の代表的な手法であったが、地区計画や都市再生特別地区に取って代わられた感がある。

都市再生特別地区は、用途地域等による様々な規制を一つの計画で一括して緩和しようとするものである。特別用途地区が用途規制のみを、特定街区が主として容積率規制を緩和するものであることと対照をなしている。都市再生特別地区は、都市再生特別措置法（都市再生法）に基づいて、都市再生緊急整備地域において国が定める地域整備方針に沿ったプロジェクトの推進を図ろうとするものである。都市再生法については第8章（「都市計画法の変化を捉える」）で取り上げるが、この法律は、都市の魅力の向上や国際競争力の強化をねらいとするものである。プロジェクト対応型であるということでは、特定街区と共通するが、積極的な政策目的実現のために、既存の規制の一括緩和を行う手法であるということでは、それまでに例を見ないものである。

復習問題

Q 用途地域は、どのような区域で定めることになっていますか。

Q 用途地域では、どのような内容を定めなければならないですか。

Q 都市計画区域全体で、用途地域が定まっている区域は、どれくらいの割合ですか。

Q 用途地域を補完する都市計画で代表的なものを三つ挙げてください。

COLUMN⑧

「用途地域は施設？」

　旧・都市計画法においては、用途地域は「施設」として計画決定されていた。これは、旧・都市計画法においては、都市計画はその対象を「重要な施設」に限定していたことによる。用途区分の種類自体は建築基準法で定めていた。新・都市計画法においては、用途地域と施設とでは、同じ都市計画でありながら別のジャンルのものである。規制内容は別として、用途区分の種類は都市計画法で定めている。

　用途地域が施設として位置付けられることなど、今は考えられないことである。その理由は定かではないが、筆者なりに、設計主義的あるいは土木中心の考え方が影響を与えていると捉えている。つまり、都市計画サイドからすれば、用途規制のような建築規制は付随的なもので、都市計画法はそれに軒先を貸しているだけということである。建築規制サイドからすれば、軒先は借りても、それは形式に過ぎず実質上は都市計画とは独立のものということである。

　このような考え方は、新・都市計画法においては払拭されているはずである。筆者が都市計画課在籍時に、建築規制サイドに用途規制の緩和を提案したら、神経過敏ともいえる反応が返ってきた。新・都市計画法の下でも、呑気に構えているわけにもいかないような気もする。もっとも、都市計画サイドの優越的センスも十分反省の必要はある。両方のサイドの真摯な努力を求めたい。真の土地利用計画

には、建築規制・施設整備の別はない。

　ちなみに、都市計画法では、土地利用に関する都市計画とは、公共施設等の用に供される土地以外の土地又は建築物等に関する計画を指すが、一般には、土地利用計画とは、公共施設等の用に供される土地も含めて、土地又はその上に存する利用のあり方を定めるものとされる。それこそが、真の土地利用計画であろう。

その他の土地利用に関する都市計画

> **Point**
> ▶ 土地利用に関する都市計画には、線引き・用途地域以外にも十数種類のものがある。

　土地利用に関する都市計画として、3・4で取り上げたもの以外で、地域地区に属するものには以下のようなものがある。

景観・文化型	景観地区 風致地区 歴史的風土特別保存地区（第一種・第二種歴史的風土保存地区） 伝統的建造物群保存地区
緑型	緑地保全地域 特別緑地保全地区（近郊緑地特別保全地区） 緑化地域 生産緑地地区
整備型	駐車場整備地区 臨港地区 流通業務地区
その他	航空機騒音防止（特別）地区

　景観・文化型及び緑型は、自然的あるいは歴史的な環境の保全を図ることを目的とする。そのために土地利用に対し一定の規制を行う。この二つを合わせて、保全タイプの地域地区ということができる。緑化地域

については、保全という観点からみれば多少性格は異にするが、自然的環境の保全と深く関わるものである。

整備型は、これらも土地利用に関する都市計画に属するので、土地利用に対する一定の規制は行う。一方で、その都市計画の大きな目的が、施設の整備にあるということで整備型とした。事業に関する都市計画とは区別する必要はあるが、目的においてはそれに近いところがある。

これらの都市計画は、特別な目的を有するものであるので、詳細な内容は、個別法（都市緑地法、文化財保護法など）で規定されるのが基本である。これらの中には、都市計画として扱うのが適当かどうか疑問なものもある。

以下では、以上の都市計画のうち、風致地区、特別緑地保全地区及び伝統的建造物保存地区を説明する。景観地区については、第8章（「都市計画法の変化を捉える」）で取り上げる。

風致地区

風致地区は、都市の風致を維持するために定める。大正時代から存在する歴史のある都市計画で、比較的多く活用されている。他の同種の都市計画が、具体的内容は個別法に委ねているのに対し、実定都市計画法ですべてが定められている点でも特異なものである。

都市の風致とは、聞き慣れない言葉だが、都市において自然的な要素に富んだ土地における良好な自然的景観のことである。風致地区は、都市の風致の維持ということだけでなく、市街地の無秩序な拡大の防止や観光資源の保護にも大きな役割を果たしてきた。市街化区域、市街化調整区域の別なく、自然的景観の保全に活用可能である。

対象となるのは、次のいずれかの区域である。

ア　樹林地・樹木が豊富に存する土地で良好な自然的景観を形成しているもの

イ　水辺地・農地その他市民意識からする郷土意識の高い土地で良好な

景観を形成しているもの

　後述する特別緑地保全地区と対象が重なるところがあるが、特別緑地保全地区が現状凍結的な保全を目指すのに対し、風致地区は、風致の維持に支障のない範囲で一定の開発を許容することに特色がある。

　具体の規制内容は、政令上の基準に基づく地方公共団体の条例で定まる。

特別緑地保全地区

　特別緑地保全地区は、都市の無秩序な拡大の防止に資する緑地、歴史的・文化的価値のある緑地、動植物の生息・生育地となる緑地等の保全を図るために定める。風致地区ほどではないが、これも保全タイプの地域地区の中で比較的多く活用されている。ここにいう緑地とは、樹林地、草地、水辺地、岩石地等が、単独であるいは一体となって、これらに隣接する区域も含めて、良好な自然的環境を形成しているもので、市街地及びその周辺地域に存するものをいう。

　特別緑地保全地区における規制内容は、都市緑地法で定まっている。

伝統的建造物群保存地区

　伝統的建造物群保存地区は、伝統的建造物群及びこれと一体となして価値を有している環境を保存するために定める。都市計画であるので、伝統的建造物群の主として外観上認められる位置、形態、意匠等の特性に着目するものである。具体的な規則内容は、文化財保護法によって、政令上の基準に基づく地方公共団体の条例で定まる。

　体系都市計画法に属する個別法が、国土交通省以外の省庁の所管に属する点で、特異なものである。

上記以外の土地利用に関する計画

土地利用に関する都市計画には、上述したもののほかに、地域地区には属さない、促進区域、遊休土地転換利用促進地区及び被災市街地復興推進地域がある。これらは、活用例も少ないので、簡単な説明にとどめる。それぞれ、以下のような内容のものである。

促進区域	あるべき土地利用を積極的に実現するため、土地所有者等に一定期間内に一定の土地利用を実現することを義務付けるもの（市街地再開発促進区域、土地区画整理促進区域などいくつかの種類がある。）
遊休土地転換利用促進地区	有効かつ適切な土地利用を実現するため、市街化区域内の一定規模以上の低・未利用地について、利用・処分に関する計画の届出、必要な勧告等を定めるもの
被災市街地復興推進地域	震災等による建築物の集中的な倒壊・滅失が生じた区域について、その早期の復興を図るため、建築行為等の制限を行いつつ、市町村に事業実施等の責務を課すもの

復習問題

Q 景観・文化型あるいは緑型の地域地区とはどのようなものですか。代表例を挙げて答えてください。

COLUMN⑨

「都市計画の名称」

　住居地域、高度地区、風致地区、防火地区、美観地区、これらは旧・都市計画法の下で戦前からある都市計画の名称である。何と簡潔かつ的確に内容を示した用語であろうか。しかも、風致や美観に至っては、物理的空間を扱う都市計画には似つかわしくない気品を感じさせる名称である。美観地区のように廃止されたものもあるが、これら都市計画は、内容は変わっても今に引き継がれているものである。特定防災街区整備地区、居住環境向上用途誘導地区、航空機騒音障害防止地区、これらは新・都市計画法の下で創設された都市計画の名称である。内容を正確に表しているにしても、覚えにくく長ったらしい名称である。総じて、戦前からのものは短い名称が採用され、ここ30～40年のものは長い名称となっている。

　この違いには、時々の担当者の語彙力が影響していることがないとはいえないであろうが、それだけでなく、もっと根源的なこともあるような気がする。つまり、制度自体が、一般的なものから専門分化したものへと変化してきているということである。専門分化してくれば、それぞれの違いを際立たせるために、名称がより説明的な長いものにならざるを得ないということがあるのではないか。

　専門分化ということ自体は世の中一般の流れであり、都市計画がそれと無縁ではあり得ないことは認めざるを得な

い。そうであっても、そのことと都市計画の仕組みが専門分化したものであって良いかは別の問題である。やはり、都市計画法は、できるだけ地域が使い易いようにシンプルなものであるべきである。戦前に帰れとまではいわないが、そのことを考えさせられる、最近の長い名称である。

6 事業に関する都市計画

> **Point**
> ▶ 事業に関する都市計画は、必要な公共・公益施設や面的事業に関する手法を定めるものである。
> ▶ これによって、安全性・快適性・利便性を備えた都市生活や都市活動を確保することをねらいとする。

　事業に関する都市計画は、安全で快適で便利な都市生活あるいは都市活動を確保するために、必要な公共・公益施設等の配置・規模あるいはその整備のための事業手法を定める。

　この都市計画は、都市計画法において線引きや用途地域が属する土地利用に関する都市計画と並び立つものである。それどころか、新・都市計画法になってからは違った状況ではあるが、長年この事業に関する都市計画こそが、都市計画の本流であるとの認識で実際の運用が行われてきたということがあった。ここに、我が国都市計画の特質の一つである「設計主義的な考え方」が見てとれる。

　設計主義的な考え方とは、我が国の近代都市計画の出発が、近代国家にふさわしい首都東京を作り上げることを主眼とするものであったことに由来するものである。つまり、都市計画は、その後、東京だけでなく、それ以外の主要都市にも拡大していくが、このような中で、都市計画に一貫して流れている考え方は、装いを整える、具体的にいえば道路、公園などの基盤整備によって都市の骨格を作っていくことと、近代化のシ

ンボルとしての西洋建築物の建築を促進することであった。欧米の都市計画が、都市の不衛生、貧困等具体の社会問題の解決から出発したのとは対照的である。一言でいえば、設計主義的な都市計画であった。ここでいう設計主義とは、モノを作るのと同様に、都市を作ることを目指す、あるいはそれが可能であるという考え方を指している。都市は、人々の暮らしと産業の営みがなされ、日々刻々と変化を遂げているものであり、それをモノと同一視することができないことは自明であろう。

都市施設に関する都市計画の種類

　事業に関する都市計画の一つである都市施設に関する都市計画は、円滑な都市活動を確保し、良好な都市環境を保持するために、対象施設の内容を定めるものである。

　この都市施設に関する都市計画の対象となる施設は、以下のとおりである。

ア　道路、駐車場等の交通施設
イ　公園、緑地等の公共空地
ウ　水道、下水道等の供給・処理施設
エ　河川等の水路
オ　学校、図書館等の教育文化施設
カ　病院、保育所等の医療・社会福祉施設
キ　市場・と畜場・火葬場
ク　電気通信事業の用に供する施設
ケ　防火、防水等の施設
コ　一団地の住宅施設・一団地の官公庁施設・流通業務団地
サ　一団地の都市安全確保拠点施設・一団地の復興拠点市街地形成施設等

　このうち、市街化区域及び線引きが定められていない都市計画区域では、少なくとも道路、公園及び下水道は定めなければならないとされて

いる。さらに、住居系用途地域では、義務教育施設も定める必要がある。

　以上でわかるように、日常の生活や活動に必要な施設は、およそ計画決定できる。しかしながら、具体に都市計画決定の対象となっているのは、主として道路、公園、下水道など国土交通省所管施設であるのが実態である。ここには、行政のセクショナリズムが影響しているともいえる（図11参照）。

図11　都市施設の決定状況

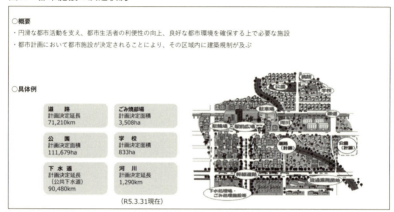

国土交通省資料より

都市施設に関する具体の運用

　以下では、都市施設として代表的な道路と公園を取り上げて、その運用をみてみる。

　両施設とも、都市計画によって、階層的なネットワークの構築を図ることをねらいとしている。これらの都市計画が、土地利用に関する都市計画と違うのは、土地利用に関する都市計画が、曲りなりにもその時々にあるべき計画として完結的に決定されるのに対し、両施設にあっては、ネットワークの構築を目指してのあるべき計画と実際の決定との間にかなりの乖離が生じることである。これは、施設に関する都市計画の実現

が事業の実施によるものであることから、計画決定にあたって、個別施設ごとの事業化の可能性にも相当程度配慮せざるを得ないことによるものである。事業化の可能性というのは、事業実施のための財源はもとより、用地取得がどの程度容易にできるか、用地取得に伴って移転を要する建物がどれくらいあるかなどである。事業への反対運動でもあれば、事業化は一層難しくなる。この乖離は、戦災復興の時代までは、あるべき計画を優先して計画決定が行われることが多かったので、小さかったが、それ以降は、事業化の可能性にも重きが置かれるようになったので、乖離は拡大の傾向にあるといって良い。ちなみに、事業化の可能性が重視されるようになったのは、事業着手の見込みもなく、長期にわたって計画制限（これに関しては後述する。）を課し続けることの批判への配慮ともいえる。

　以上のような事業化への配慮は、当初の計画決定だけでなく、計画決定後においても、適切な見直しという観点から求められるものである。

　このことから、道路・公園の都市計画においては、あるべき計画はどのようなものであるかということと、実際の都市計画の決定はどのような考え方で行われるべきかとは区別することが必要となる。

道路

　道路の機能は、円滑な移動を確保するための交通機能、供給処理施設等の収容のための空間機能、都市の構造・街区を形成する市街地形成機能などである。都市計画においては、このような道路の多様な機能に着目して、次のように、ネットワークを構成する道路を分類している。

自動車専用道路	—	都市高速道路、都市間高速道路等専ら自動車の交通の用に供される道路
幹線道路	主要幹線街路	全国レベルの高速交通体系を補完しながら広域的交通体系の一環をなすとともに、都市拠点間を連絡し、都市構造の骨格をなす高規格な幹線道路
	都市幹線街路	補助幹線道路と主要幹線道路を連絡し、都市内道路交通を効率的に処理するとともに、都市の骨格を形成するもの

6．事業に関する都市計画

	補助幹線街路	主要幹線道路又は幹線道路に囲まれた区域内において、幹線道路を補完し、区域内で発生する交通を効率的に集散させるための地区内幹線道路
区画街路	―	近隣住区等の地区における宅地の利用に供する道路
特殊街路	―	歩行者専用道路、都市モノレールなど

　上記の道路の種別に応じて、目指すべき都市像、交通量の見通し、土地利用の状況等を考慮しながら、それぞれが適切な規模で必要な位置に配置されることで、全体としてのネットワークが構築されることになる。こうしたネットワークが、あるべき道路の計画である。あるべき道路計画は、都市計画区域マスタープランに反映される。具体的には、マスタープランにおいて、走行速度や幹線街路網密度などの目標を掲げた上で、整備の基本方針、主要な街路のおおむねの位置などを定める。併せて、10年以内に整備することを予定する主要な街路を示すことが望ましいとされる。

　マスタープランに基づき、個別の道路の都市計画が決定される。計画内容として、区域のほか、道路種別・構造などを定める。この際、あるべき計画を追求するということと、事業化の可能性ということの両方への配慮が必要である。都市計画である限りは、長期的な見通しの下で決定されるべきであるので、事業化の可能性という短期的な視点だけでは済ませられない。他方、事業化の可能性に配慮しない、あるべき計画という視点だけでは現実性を欠くものとなる。

　道路の種別に即して、このことを具体的にいえば、以下のような取扱いが望ましいことになる。

主要幹線街路・都市幹線街路	都市の骨格を形成する根幹的な施設であるので、できるだけ一体的に個別の道路の計画決定を行う。
補助幹線街路・区画街路	既成の市街地にあっては、根幹的な道路を定めた後、市街地の状況等を踏まえ、事業の展開に合せて順次計画決定することもやむを得ない。 新たに形成する市街地にあっては、原則として、根幹的な道路と一体として計画決定を行うことが望ましい。

あるべき計画と事業化の可能性という二つの観点は、個別の道路の計画決定の段階だけでなく、マスタープランにおける10年以内に着手すべき道路の位置付けにあたっても、そのバランスを図ることが必要である。マスタープランで10年以内に着手すべきとされた道路は、速やかに計画決定がなされることが望ましい。

道路の計画決定済総延長は71,210km、このうち、整備済の割合は、約68％である。

公園

公園は、主として自然的環境の中で、休息、遊戯、運動等のレクリエーション、災害時の避難等の用に供するための公共空地としての機能を有するものである。都市計画においては、このような公園の多様な機能に着目して、次のように、ネットワークを構成する公園を分類している。

街区公園	主として街区内に居住する者の利用に供することを目的とする公園
近隣公園	主として近隣に居住する者の利用に供することを目的とする公園
地区公園	主として徒歩圏内の居住する者の利用に供することを目的とする公園
総合公園	主として一の市町村に居住する者の休息、遊戯、運動等総合的な利用に供することを目的とする公園
広域公園	一の市町村の区域を越える広域の区域を対象とし、休息、遊戯、運動等総合的な利用に供することを目的とする公園
運動公園	主として運動の用に供することを目的とする公園
特殊公園	風致公園、植物公園など

公園におけるあるべき計画も、道路と同様に、マスタープランに反映される。道路と違うのは、マスタープランにおいて、公園は、樹林地、草地、農地などとの緑地としての機能の共通性に着目して、広い意味での緑地の系統的な配置の一環として位置付けられることである。マスタープランには、緑地全体の整備の方針、主要な公園のおおむねの配置、

10年以内に整備すべき公園などが記載される。

　マスタープランに基づき、個別の公園の都市計画が決定される。計画内容として、区域のほか、公園種別・面積などを定める。この際、あるべき計画を追求するということと、事業化の可能性ということの両方への配慮が必要であることは、基本的には道路の場合と同じである。公園の場合、面的にまとまった土地が必要であることから、事業化のハードルは道路以上に高いので、個別の公園の計画決定にあたって、道路におけるよりも、事業化の可能性に相当程度配慮せざるを得ない。その結果、公園は、道路に比べても、あるべき計画と実際の都市計画との乖離は大きいといえる。そうであるからこそ、公園のような施設系緑地と風致地区のような非施設系緑地とを一体にして、マスタープランで緑地として位置付けているという見方もできる。乖離の要因として他には、道路ほど日常的にその必要性を認識しにくいということもあるであろう。

　公園の計画決定面積111,679ha、このうち、整備済の割合は、約72％と、道路の整備率約68％とさほど変わらないが、箇所ベースでみると、整備率約96％となっている。

市街地開発事業に関する都市計画

　もう一つの事業に関する都市計画である市街地開発事業に関する都市計画は、公共施設と宅地あるいは建築物の一体的な整備改善を図るため、区域や事業概要などを定めるものである。

　具体的に、次のような面的な事業が対象となる。

ア　土地区画整理事業
イ　新住宅市街地開発事業
ウ　工業団地造成事業
エ　市街地再開発事業
オ　新都市基盤整備事業
カ　住宅街区整備事業

キ　防災街区整備事業

　事業概要においては、公共施設だけでなく、宅地・建築物の整備に関する事項もその内容とすることが特色である。とはいえ、この事業概要は、都市計画を受けて行われる事業の内容は拘束するが、実質的には、都市計画の段階で土地所有者等に対し大きな効力を持つものではない。そうしたことでは、区域を定めて、そこに将来特定の事業手法を適用することを宣言することに、都市計画としての実質的な意味があるといえる。それぞれの事業に関しては、個別法（土地区画整理法、都市再開発法など）において、詳細な事業要件、事業内容などが規定されている。

　この中では、土地区画整理事業は、震災復興や戦災復興における一般的な手法として採用されたこともあり、代表的なものであり、最近までは「都市計画の母」とも呼ばれていた。市街地再開発事業は、駅前再開発など既成市街地のスラムクリアランスとして活用されることが多く、新住宅市街地開発事業は、いわゆるニュータウン開発の手法として、これまで使われてきている。新都市基盤整備事業のように、全く使われていないものもある。

　これらの事業は、事業手法としてはそれぞれ特色があり、市街地整備の方策として有効であることは論を待たない。他方で、各事業法とは別に、都市計画として事業手法を定めることにどれだけの意味があるかは疑問なしとしない。「都市計画の母」といわれてきたことの反映としか受け取れない。

　市街地開発事業に関する都市計画に関連して、市街開発事業等予定区域に関する都市計画がある。活用事例も少ないので、簡単な紹介にとどめる。以下のような内容である。

市街地開発事業等予定区域	乱開発・投機的土地取引を防止して市街地開発事業等の適地を適正に確保するため、詳細な計画が定まる前に、区域等の基本的事項を定め、現状凍結的な制限を課すもの（新住宅市街地開発事業の予定区域、一団地の住宅施設の予定区域などいくつかの種類がある。）

6．事業に関する都市計画

> **復習問題**
>
> **Q** 都市施設に関する都市計画の対象となる施設で代表的なものを挙げてください。
>
> **Q** 市街地開発事業に関する都市計画とは、どのようなものですか。具体例を挙げて答えてください。

COLUMN⑩

「マッカーサー道路」

　マッカーサー道路というのをご存知であろうか。勿論、これは俗称で、東京都内の環状2号線の一部で虎ノ門から新橋までの街路のことをいう。現在、虎ノ門ヒルズの地下を通る道路である。2014年に完成したが、一時期、この道路は、計画決定後長期にわたって未着手の都市施設の典型のようにいわれた。それどころか、用地取得の困難性もあって、見通せる将来には完成は到底無理だとも思われていた。それが、1990年代に入ってから、立体道路制度も活用して事業化に至ったということである。

　この道路は、終戦直後の1946年に都市計画決定が行われた。当時は、我が国は、占領統治下にあったので、その計画決定に、マッカーサー本人とはいわないまでも、アメリカの意向が働いているのではないかということで、マッカーサー道路といわれたのである。近くに、アメリカ大使館があることもあって、そこから竹芝に抜ける軍用道路をアメリカが要求したとの俗説もある。しかしながら、資料などで検証する限り、マッカーサー本人は勿論、アメリカの意向が働いたということは明らかにはなっていない。それでは、どうしてマッカーサー道路といわれるようになったのか。筆者の勝手な解釈では、計画決定を受けて、現地に入った担当者が、地権者の理解を得るため、言うに困って使ったのが、「マッカーサー道路」だと。

マッカーサー道路は、計画決定は戦後であるが、震災復興の当初の計画にも盛り込まれていたものである。この俗称を聞いて、後藤新平はどう思うであろうか。環状2号線は、まだ一部が完成したに過ぎない。この2号線も含め、東京には8本の環状道路があり、未完成区間も多い。東京の環状道路全体の完成はいつになるのであろうか。

7 地区計画等に関する都市計画

> **Point**
> ▶ 地区計画等は、より高い水準の市街地を形成するため、詳細できめ細かい内容を定めるものである。
> ▶ 公共施設整備も建築物規制も一体で定めることができることが特色である。

ねらい

　地区計画等に関する都市計画は、公共施設と建築物のバランスの取れた質の高い都市空間の形成・保全を図ることをねらいとする。それまでの都市の膨張をコントロールする仕組みだけでは、すでに出来上がった市街地を改善したり、将来の劣悪化を防止することは難しいという考え方によるものである。

　この都市計画は、線引き制度や用途地域制度がそうであるように、どちらかといえば、それまでの都市計画が、都市全体の観点から内容を定めるキメの粗いものであったのに対し、都市を構成する「地区」という観点から、身の回りにとって必要なことをきめ細かく定めるものである。

　この都市計画の特色は、具体的には、次のようなことである。

ア　計画内容として、地区の特性に応じ、身の回りの公共施設、より詳細な建築規制など多様な選択肢の中から必要な事項を取捨選択できること

イ　施設に関する事項も土地利用に関する事項も一つの計画で定めるこ

7．地区計画等に関する都市計画　93

とができること
ウ　より丁寧な住民参加手続が必要であること

　1980年に創設された比較的歴史の浅いものでありながら、最近では、地区計画は、相当種類ある都市計画の中で最もよく活用されているものである。

　地区詳細計画とも訳されるドイツのBプランに倣ったものである。

地区計画等の種類

「地区計画等」といわれる中には、地区計画のほか、防災街区整備地区計画、歴史的風致維持向上地区計画、沿道地区計画及び集落地区計画がある。地区計画が一般タイプであるとすれば、他の計画は特殊タイプとして、地区計画と内容的に共通する部分と、それぞれ独自の内容を有する部分とで構成されている。

　特殊タイプについては、実定都市計画法のほか、それぞれの個別法で詳細に規定されている（**図12**参照）。

　以下では、一般タイプの地区計画を中心に解説する。

対象区域

　地区計画は、次の要件のいずれかに該当する区域で策定できる。
ア　用途地域が定められている土地の区域
イ　用途地域が定められていない区域のうち、一定の要件を満たすもの
　　（一定の要件とは、事業が行われる予定の区域、不良な街区が形成されるおそれのある区域又は良好な街区の形成・保全を図る必要のある区域などである。）

　制度導入時には、市街化区域でのみ定めることができるとされていたことに比べれば、対象区域は相当に広がっている。勿論、市街化調整区域やいわゆる白地地域でも活用可能である。

　このように一応対象区域が定められてはいるが、それほど事細かに規

図12　地区計画等の種類・内容等

種類	ねらい	主な計画事項 (注1)	個別法 (注2)
地区計画	一体としてそれぞれの区域の特性にふさわしい良好な環境の街区の整備・保全等を図るもの	・主として街区の居住者等の利用に供される道路・公園等施設に関する事項 ・用途・形態等建築物に関する事項 ・樹林地等の保全に関する事項 　など	(都市計画法)
防災街区整備地区計画	密集市街地の防災機能の向上を図るもの	・火事・地震の際に被害の発生の防止のため必要な施設に関する事項 ・防火上の構造制限 　など	密集市街地における防災街区の整備の促進に関する法律
歴史的風致維持向上地区計画	地域に固有の歴史的風致の維持向上を図るもの	―	地域における歴史的風土の維持及び向上に関する法律
沿道整備計画	沿道における道路騒音による障害の防止を図るもの	・防音上又は遮音上必要な制限 ・間口率の最低限度 　など	幹線道路の沿道の整備に関する法律
集落地区計画	都市近郊集落における営農条件と調和のとれた居住環境の確保を図るもの	―	集落地域整備法

注1　地区計画以外の計画にあっては、当該計画に独自の事項である。(それ以外にも、地区計画で定めることができる事項の多くは、定めることができる。)
注2　都市計画法以外の関連法である。

定していないのは、地区計画の幅広い活用を期待することの表れといえる。

計画内容

　地区計画の内容は、大別して、地区の整備・開発・保全の方針と地区整備計画との二つからなる。方針は、土地所有者等に対し、直接的な拘

束力を有するものではない。地区整備計画は直接的な拘束力を持つものである。都市レベルの都市計画における、マスタープランと個別計画と同様の関係に、この二つはある。地区整備計画は、方針と同時に決められない特別の事情があれば、後で決めても構わない。

地区整備計画の内容として特徴的なのは、次のようなことである。

ア　身の回り公共施設（地区施設）関する事項と建築物等土地利用に関する事項とを一体的に定めることができること

イ　実際に計画に定める内容は法令で規定されたメニューの中から地区の特性に応じて取捨選択ができるものであること

ウ　計画内容と規制が一体であること

市街地開発事業に関する都市計画でも、公共施設と土地利用とを一体的に定めることはできるが、個別事業手法を前提としない都市計画では、このような仕組みは初めてである。メニューからの選択という方式は、それまででも採り入れられてはいたが、そのメニュー自体がかなり幅広いものであることが特徴的である。

計画内容と規制が一体であるというのは、線引きに関する都市計画が典型的であるが、多くの都市計画は、計画内容としては種類・区域のみを定め、規制基準は法令の規定によるといったことであるのに対し、地区計画では、規制基準とするべき内容はすべて計画内容としなければならないということである。まさに、これらは、都市レベルの都市計画に対し、地区レベルの都市計画と称するにふさわしいものである。

地区整備計画のメニューは、具体的には次のようになっている。

ア　主として街区内の居住者等の利用に供される道路、公園等施設及び街区における防災上必要な機能を確保するための避難施設、避難路等施設（地区施設）に関する事項

イ　建築物等の制限に関する事項（用途、容積率、建ぺい率など、およそ規制基準として考えられものはすべて含んでいる。）

ウ　樹林地等の保全に関する事項

エ　農地における土地の形質の変更等に関する事項

効果

　以上の計画メニューから自由に必要な事項を取捨選択して定め、それにより開発行為、建築行為等に対して一定の効果が生じることになる。具体的内容に関しては、第3章（「都市計画の実現手段」）で述べるが、大きくは、法的強制力を有しないものと、そうでないものがある。

　建築物に関する事項に関して言えば、これを定めることにより、一定の要件の下に、用途地域によって働く、いわゆる「一般規制」の特例が働くことになる。制度導入時には、この特例は規制の強化のみであったが、現在では緩和の効果が生じることもある。

　地区計画は、自由に計画事項を取捨選択できると述べたが、一般規制を緩和する場合には、一定の範囲で計画内容に義務付けがされている。これが、再開発等促進区、誘導容積型、街並み誘導型などと呼ばれるものである。これに関しては、活用事例と合わせて後述する。

　施設に関する事項に関しては、都市施設に関する都市計画における都市計画事業のような一般的な整備手法は用意されていない。

活用の想定事例

　地区計画は、実績として、8,655地区、計181,025haで決定されている。制度創設後40年以上を経過して、今や、線引きや用途地域並みに定着してきている都市計画であろう。

　地区計画は、幅広い計画メニューから、地区の特性に応じて、必要な事項を選択して定め、身近な課題を解決しようとするものである。いわば、出来合いの仕組みを運用する線引き・用途地域と違い、地区の特性に合わせて仕組みを誂えて運用しなければならないのが地区計画である。線引き・用途地域が「レディーメイド」都市計画であるとすれば、「オーダーメイド」都市計画とでもいうべきものである。

　このような特徴を有する地区計画に関しては、線引きや用途地域のように、まとまった一つの運用の考え方を示すのは困難であり、また適当

でもない。ここでは、地区計画の活用が想定される事例を挙げることで、運用の考え方を示すことに代えたい。その際、都市や地区の特性が深く関係するので、便宜上、次のように分類し、それに沿って説明する。

都市の特性による分類	A	三大都市圏内の都市（A都市）
	B	A以外の人口数十万人程度以上の都市（B都市）
	C	A・B以外の都市（C都市）
地区の特性による分類	Ⅰ	相当程度の密度で建築物等が連担している区域（Ⅰ区域）
	Ⅱ	今後、相当程度の密度で建築物の連担が予想される区域（Ⅱ区域）
	Ⅲ	実質上の都市を構成し、Ⅰ・Ⅱ以外の区域（Ⅲ区域）

一般規制強化型地区計画

まずは、後述の一般規制緩和型の地区計画とは区別される、一般規制を強化する地区計画に関し、地区の特性によるⅠ、Ⅱ、Ⅲのそれぞれでの具体的な活用のイメージを示せば、以下のとおりである。

		事　例	計画内容
Ⅰ区域	ア	木造密集市街地等居住環境が不良な住宅市街地で、建築物の建替えが相当程度行われる区域について、土地の高度利用を図りつつ、居住環境の改善を図り、良好な住宅市街地の形成を誘導しようとする事例	通常、地区施設の配置及び規模、建築物の建築面積の最低限度、壁面の位置の制限等を定める。
	イ	商店街で建築物の建替えが相当程度行われる区域について、土地の高度利用を図りながら、機能的で魅力ある商店街の形成を誘導しようとする事例	通常、建築物等の用途の制限、容積率の最低限度、建築物の建築面積の最低限度、建築物等の形態・意匠の制限等を定める。
	ウ	中小工場とその就業者のための共同住宅等が混在している市街地で、相当程度の建築物の建替え等が行われる区域について、職住近接を保ちながら、工業の利便の維持・増進と居住環境の改善とを図ろうとする事例	通常、建築物等の用途の制限等を定める。

	エ	現に良好な住宅市街地が形成されている区域について、将来における建築物の建替え、敷地の細分化等による居住環境の悪化を防止しようとする事例	通常、建築物等の用途の制限、建築物の建ぺい率の最高限度、壁面の位置の制限、建築物等の高さの最高限度、建築物の敷地面積の最低限度等を定める。
	オ	地域の歴史・風土に根ざした特色のある街並みが形成されている区域について、地区の特性に応じた特色ある景観の保全を図ろうとする事例	通常、壁面の位置の制限、建築物等の高さの最高限度、建築物等の形態・意匠の制限等を定める。
Ⅱ区域	ア	相当規模の土地区画整理事業等によって基盤整備が行われる区域について、事業効果の維持・増進を図ろうとする事例	通常、建築物等の用途の制限、建築物の建築面積の最低限度、壁面の位置の制限等を定める。
	イ	現に市街化しつつあり、又は市街化することが確実と見込まれる区域について、不良な街区の形成の防止を図ろうとする事例	通常、地区施設の配置及び規模、建築物の建築面積の最低限度等を定める。
	ウ	幹線的な街路の整備が行われる区域について、当該道路の整備に併せて、その沿道にふさわしい良好な街区の形成を誘導しようとする事例	通常、地区施設の配置及び規模、建築物等の用途の制限等を定める。
Ⅲ区域	ア	市街化調整区域における既存集落・沿道地域等に既に住宅が点在している区域について、良好な居住環境の確保のため、住宅や居住者のための施設の立地を図ろうとする事例	通常、建築物等の用途の制限等を定める。
	イ	市街化調整区域内の計画開発地の区域について、ゆとりある良好な居住環境の維持・増進を図ろうとする事例	建築物等の用途の制限、建築物の敷地面積の最低限度等を定める。

　都市の特性との関係では、典型的には、Ⅰ―アはＡ都市で、Ⅰ―イ・ウはＡ・Ｂ都市で、Ⅰ―エはいずれの都市でも、Ⅰ―オはＣ都市で、それぞれ活用が想定される。Ⅱ―ア・ウはいずれの都市でも、Ⅱ―イは、Ａ・Ｂ都市で、それぞれ活用が想定される。Ⅲに関しては、Ａ・Ｂ都市で活用が想定される。

一般規制緩和型地区計画

　以上は、一般規制強化型の地区計画の活用事例である。地区計画には、

特別な内容を定めれば、例外的に一般規制が一部緩和されるものがある。その主なものとその活用事例は次のとおりである。

	趣旨	計画内容	活用事例
誘導容積型	公共施設が未整備なため土地の有効利用が十分に図られていない区域が広範に存する一方で、市街地が外延的に拡大するという都市構造上の問題に対応するため、公共施設を伴った土地の有効利用を誘導しようとするもの。	容積率の最高限度に関し、公共施設が未整備な段階のもの（暫定容積率）と公共施設の整備後の容積率（目標容積率）とを定めなければならない。	木造密集市街地、市街化区域内農地が多数残存する区域など
容積適正配分型	適正な配置・規模の公共施設を備えた区域において、区域内の地区の特性に応じて、容積率規制の詳細化を図り、良好な市街地環境の形成と合理的な土地利用を図ろうとするもの。	建築物の容積率の最高限度（区域を区分して定めたものに限る。）、建築物の敷地面積の最低限度及び道路に面する壁面の位置の制限を定めなければならない。（用途地域で定まっている地区内全体の容積を上回ることはできない。）	住宅・公益施設に高めの容積率を設定し、樹林地・伝統的建造物には低めの容積率を設定する必要がある場合など
用途別容積型	土地の合理的な利用を促進するため、住居と住居以外の用途とを適正に配分することを通じて、住宅立地を誘導しようとするもの。	計画内容として、住宅・非住宅別の容積率の最高限度、容積率の最低限度、建築物の建築面積の最低限度及び道路に面する壁面の位置の制限を定めなければならない。（住宅に関し、容積率の緩和を行うものである。）	空洞化が進行している都心部でコミュニティを復活させる必要がある場合など

街並み誘導型	個別の建築活動を統一的な街並みの形成に誘導しつつ、適切な幅員の道路を確保することにより、土地の合理的かつ健全な利用の促進を図るもの。	計画内容として、建築物の容積率の最高限度、建築物の敷地面積の最低限度及び道路に面する壁面の位置の制限を定めなければならない。（前面道路の幅員による容積率制限及び斜線制限を適用除外にするものである。）	都心部で建築物の更新が停滞している区域、木造密集市街地など
再開発等促進区	相当程度の区域の土地利用転換を円滑に推進するため、事業の熟度に応じてきめ細かな整備を段階的に進めることにより、良好な都市ストックの形成に資するプロジェクトを誘導しようとするものである。	計画内容として、都市計画施設及び地区施設以外の根幹的施設及び土地利用に関する方針を定めなければならない。（容積率制限・用途制限の緩和を行うものである。）	工場跡地、鉄道操車場跡地など

　以上でわかるように、一般規制緩和型地区計画は、B・C都市でも活用できないわけではないが、主としてA都市、それもⅠ区域が想定されている。

復習問題

Q 地区計画は、どのような地域で定めることができますか。

Q 地区計画において、強化型・緩和型といわれるものの内容をそれぞれ具体的に説明してください。

Q 地区計画の内容として、義務付けられている事項はありますか。

7．地区計画等に関する都市計画

COLUMN⑪

「困った時の地区計画」

　「困った時の地区計画」というのは、都市計画法制担当者の間で、一時秘かに使われていた言葉である。何かといえば、外部から規制緩和などの制度対応を迫られて困った時、地区計画制度の活用により、何とか急場をしのぐといったことである。筆者などは、そうしたことの先鞭をつけた方なので、胸にぐさりとくる言葉である。

　この言葉は、地区計画制度が、現場だけでなく、立法政策の場面でもいかに使いやすく、優れたものであるかを示している。対象区域が街なかであろうと郊外であろうと、規制の強化であろうと緩和であろうと、少々のことなら何でも地区計画で対応できるとの思いが当時の担当者にあった。筆者は、先鞭をつけたという立場を忘れて、いやそういう立場であるからこそ、こんなことが続くと、地区計画制度は、どこまで膨らむのかと、心配になった。実際にそのようになった。

　こうした制度対応が地区計画制度を極めて複雑なものにしたという反省から、その後の改正で、多少の簡素合理化はされてきている。いくら優れた制度とはいえ、ステレオタイプに制度対応の多くを一つの仕組みに依存をするというのは、異常といえば異常である。すべての制度がそうであるように、地区計画制度は万能ではない。こうしたことが続くと、担当者の思考も、地区計画制度の枠内でしか働

かなくなる。由々しきことである。
　「困った時の地区計画」という風潮はおさまったが、別の「困った時の」は懸念している。「困った時の都市再生法」である。そうした心配が杞憂に終わることを願っている。

基礎編

第3章

都市計画の実現手段

1 あらまし

> **Point**
> ▶都市計画の実現手段は、その種類に応じて様々なものがある。

　実定法において、計画と称するものは数多く存在するが、「どのような方法で実現する」かの固有の手段まで用意して、その実効性を確保しようとする計画は、それほどはないであろう。そうした意味では、都市計画は特異な存在であると同時に、それこそが、都市計画が都市計画たる所以でもある。

　個別都市計画の実現手段を大まかにいえば、次のようになる（**図13**参照）。

A　土地利用に関する都市計画　：規制（開発許可、建築確認など）
B　事業に関する都市計画　　　：事業の実施
C　地区計画等に関する都市計画：届出・勧告など

図13　主な都市計画の実現手段

	線引き	用途地域	都市施設	地区計画
実現手段	・開発許可	・建築確認	・事業実施 （都市計画事業）	・届出・勧告 ・建築確認 ・開発許可
制限内容	・技術基準 ・立地基準 （市街化調整区域のみ適用）	・用途 ・容積率 ・建ぺい率 など	・計画制限（計画段階） ・事業制限（事業段階）	・地区施設に関する事項 ・建築物に関する事項 など

マスタープランに関しては、固有の手段とまではいえないが、それを受けて個別都市計画が決定されるので、個別都市計画こそが実現手段である。マスタープランも、個別都市計画とは別に、固有の手段を備えるべきとの指摘もある。

以上のようにいえば、極めてシンプルに思えるが、土地利用に関する都市計画における実現手段としての規制は、複雑な内容を持っている。ここにも、体系都市計画法の難解さが垣間見える。先に述べた個別都市計画の種類の多さのことも含めて、このような体系都市計画法の難解さ・複雑さを放置して良いのか、都市計画が専門家だけでなく多くの人達の理解も必要とするものであるだけに、議論があってしかるべきであろう。

土地利用に関する都市計画の実現手段

土地利用に関する都市計画（線引き、用途地域など）が定まると、その区域内での土地の区画形質の変更、建築物の建築等の行為が規制される。この行為規制が土地利用に関する都市計画の実現手段である。つまり、行為が、都市計画が決定されたことによって働く規制基準に適合するかどうかがチェックされることで、その都市計画を定めた目的が実現していくということである。どのような行為がいつ行われるかまではコントロールはできないので、そのような意味では、土地利用に関する都市計画は、徐々に時間をかけて実現する性質のものである。

どのような行為がどのように規制されるか、その具体的内容は法律で規定され、都市計画の種類によって異なる。行為規制をその根拠法との関係で分類すれば、次のようになる。

	根拠法	行為規制
ア	実定都市計画法に根拠があるもの	線引きに係る行為規制（開発許可）など
イ	建築基準法に根拠があるもの	用途地域に係る行為規制（建築確認）など
ウ	上記両法以外の個別法に根拠があるもの	特別緑地保全地区・伝統的建造物群保存地区に係る行為規制など

⇒ 詳しくは 2 ・ 3 ・ 4 へ

事業に関する都市計画の実現手段

　事業に関する都市計画が定まると、その区域内では、計画の内容に従って事業が行われる。この事業が、事業に関する都市計画の実現手段である。計画決定後事業が行われるまでに一定の期間は要するにしても、事業が完了すれば都市計画を定めた目的は一挙に実現する。この点、時間をかけて徐々に目的が実現していく土地利用に関する都市計画とは性質が異なっている。

　こうした事業に関しては、実定都市計画法でも、その円滑な実施を確保するための措置を定めてはいるが、事業の具体の実施方法など個別法が多くを規定している。道路法、都市公園法、土地区画整理法などである。

⇒ 詳しくは 5 へ

地区計画等に関する都市計画の実現手段

　地区計画等に関する都市計画は複数の実現手段を有している。この点が、他の都市計画が、一つの都市計画に一つの実現手段であることを基本とするのに対し、地区計画等に関する都市計画の特色の一つである。

　地区計画等は、その計画内容からは、土地利用に関する部分と事業に関する部分の双方の要素を持っているが、事業の実施に係る積極的な実

現手段は有していないので、複数といっても、土地利用に関する都市計画と同様に、行為規制が主たる実現手段となる。この行為規制は、一般タイプである地区計画の場合には、実定都市計画法と建築基準法の双方に根拠をおいている。

⇒ 詳しくは6へ

> **復習問題**
>
> **Q** 土地利用に関する都市計画の実現手段で代表的なものを二つ挙げてください。

COLUMN⑫

「霞が関官庁街」

　今でこそ、その代名詞となっていることでわかるように、中央官庁は霞が関にあることが当たり前になっている。明治初期には、外務省は霞が関にあったが、その他の役所は、大手町、丸の内など皇居周辺の旧大名屋敷跡に散在していた。明治に入って比較的早い時期から、官庁街の集中化の計画があったようであるが、紆余曲折を経て、霞が関に官庁街らしきものが出来たのは、1895年頃である。外務省に加え、司法省・大審院・海軍省の建物がその頃出来上がった。大正時代には大きな動きはなかったが、震災復興と併せて、官庁街の整備が行われ、霞が関に大蔵省、内務省、文部省などの建物が昭和初期に完成し、今の霞が関官庁街が出来上がった。

　面白いのは、明治期には、今の都市計画にあたる市区改正の一環としても官庁街のあり方が議論されてはいたが、それとは別に、外務省の主導で官庁集中計画が練られていたことである。むしろ、途中まで、こちらの動きが力を持っていた。不平等条約改正の実現のためには、表玄関としてふさわしい官庁街が必要ということであったようである。

　官庁街が一団地の官公庁施設として正式に都市計画の対象となるのは、昭和30年代前半である。今の霞が関もその頃都市計画決定された。筆者などは、都市計画法を担当し始めた頃、国の顔である官庁街の都市計画の決定・変更

を東京都が扱うのが不思議で仕方なかった。昔の建物で残るのは、財務省などいくつかに過ぎなくなっているが、それらも高層の建物に生まれ変わるのだろうか。昔の人事院ビルも懐かしい。

2 線引きに関する都市計画の実現手段

> **Point**
> ▶ 線引きの実現手段は、開発許可である。
> ▶ 規制内容には、技術基準と立地基準がある。

　線引きに関する都市計画の実現手段は、開発許可である。掻い摘んで説明すれば、一定の開発行為について、原則都道府県知事の許可を要するとすることで、市街化区域・市街化調整区域全体を通じて一定の市街地水準（後述する技術基準への適合が求められる。）を確保するとともに、市街化調整区域に関しては立地抑制（後述する立地基準への適合が求められる。）を行い、線引きに関する都市計画の目的の実現を図ろうとするものである。この場合、都市計画では、市街化区域と市街化調整区域の区分しか定めないので、規制の具体的な内容は、実定都市計画法で規定されている。

　開発許可制度は、線引きがされている都市計画区域だけが対象というわけではなく、適用される基準の内容は多少異なるが、それ以外も含めすべての都市計画区域及び準都市計画区域にも適用される。開発許可制度は、都市計画区域内又は準都市計画区域内における不良な開発を防止し、良好な市街地の形成を図ることを目的とするものといえる。ここでは、このことは踏まえた上で、線引きに関する都市計画の実現手段としての開発許可制度を説明する。

許可が必要となる開発行為

開発行為とは、「主として建築物の建築又は特定工作物の建設を目的として行う土地の区画形質の変更」である。特定工作物というのは、厳密な定義はさておき、コンクリートプラント、危険物貯蔵施設、ゴルフコース、遊園地などのことである。

このような開発行為の定義に該当する開発行為は、許可を要するのが原則である。例外的に、その許可が不要な開発行為が定められている。次のような開発行為である。

ア　市街化区域内の開発面積が1,000m^2（三大都市圏は500m^2。条例で300m^2まで引き下げることも可能。）未満の開発行為
イ　市街化調整区域内の農林漁業用建築物等の建築のための開発行為
ウ　公益上必要な建築物の建築のための開発行為（図書館など）
エ　土地区画整理事業等の施行として行う開発行為
オ　非常災害における応急措置として行う開発行為　など

アの開発許可の対象となる開発面積に下限が設けられていること、いわゆるスソ切りが行われていることに関しては、小規模開発には技術基準が適用されないことになるので、十分な公共施設のないままの、いわゆる「ミニ開発」を助長するものとの批判がある。

許可基準

許可の基準には、良好な市街地の宅地の水準を確保するための基準（技術基準）と開発行為の立地抑制のための基準（立地基準）の二つがある。

技術基準

この基準は、良好な市街地の宅地の水準を確保するため、道路、公園、給排水施設等の確保、防災上の措置等に関する基準を定めるものである。技術基準は、市街化区域・市街化調整区域を問わず適用される基準である。当然ながら基準に適合しなければ開発行為は許可されない。

2．線引きに関する都市計画の実現手段　　113

上記の基準に関しては技術的細目が定められており、それによる制限は、地方公共団体の条例により強化又は緩和をすることができる。敷地規模の最低限度のように、地方公共団体の条例で制限項目の追加も可能である。

　この基準は、図14に示すように、建築物の用途や開発規模によって適用される内容が変わり、複雑なものである。例えば、分譲目的の住宅地造成等には、表に示すすべての基準が適用されるが、自己居住用の住宅のための開発行為には、一部の基準は適用されない。

立地基準

　立地基準は、市街化調整区域のみに適用されるものである。市街化調整区域では、以下の基準のいずれかに適合しなければ、技術基準に適合しても許可されないことになる。

　立地基準の具体的な内容は次のとおりである。

ア　公益上又は日常生活に必要な施設の用に供するための開発行為（診療所、食料品店等）

イ　鉱物資源、観光資源等の有効利用上必要な建築物等のための開発行為（生コン工場、観光展望台等）

ウ　温度、湿度等に関し特別な条件を必要とするため市街化区域内に立地することが困難な建築物等のための開発行為

エ　農林水産物の加工等のための建築物等のための開発行為

オ　「特定農山村法」に基づく所有権移転等促進計画に従って行う開発行為

カ　都道府県が国等と一体となって助成する中小企業の共同化等の事業の用に供するための開発行為

キ　市街化調整区域内の既存工場と密接な関連を有する事業の用に供するための開発行為

ク　危険物の貯蔵等のための施設で市街化区域内に立地することが困難・不適当なもののための開発行為（火薬庫等）

ケ　災害危険区域等の区域内に存する建築物を当該区域外に移転するた

図14 開発許可基準（技術基準）

技術基準 （○=適用される、×=適用されない）	住宅 自己用	住宅 その他	非住宅 自己用	非住宅 その他
予定建築物の用途が用途地域等に適合していること	○	○	○	○
道路・公園等が適切に配置されていること	×	○	○	○
排水施設が下水の有効な排出、溢水等の被害を生じさせないよう配慮されていること	○	○	○	○
給水施設が需要を満たすよう適切に配置されていること	×	○	○	○
地区計画等の内容に即していること	○	○	○	○
公共公益施設等の用途配分が適切に定められていること	○（20ha以上）	○（20ha以上）	×	×
地盤の安全・がけの保護等適切な防災措置がなされていること	○	○	○	○
災害危険区域等を含まないこと	×	○	○	○
樹木の保存・表土の保全等の措置がなされていること	○（1ha以上）	○（1ha以上）	○（1ha以上）	○（1ha以上）
騒音・振動等の緩衝帯が定められていること	○（1ha以上）	○（1ha以上）	○（1ha以上）	○（1ha以上）
輸送施設の便等からみて支障のないこと	○（40ha以上）	○（40ha以上）	○（40ha以上）	○（40ha以上）
申請者の資力・信用、工事施行者の施行能力があること	×	○	○（1ha以上）	○
関係権利者の相当数の同意があること	○	○	○	○

めの開発行為

コ 道路の円滑な交通を確保するため適切な位置に設けられる施設のための開発行為（ドライブイン、ガソリンスタンド等）

サ 地区計画等の内容に適合する開発行為

シ 市街化区域に近隣接する地域のうち条例で指定する区域で環境の保

2．線引きに関する都市計画の実現手段

全上支障がないものとして条例で定める建築物の建築等のための開発行為
ス　周囲の市街化を促進するおそれがなく、かつ、市街化区域内で行うことが困難等と認められる開発行為で、条例により区域、目的等を限り認めたもの
セ　市街化調整区域の決定の際、自己用建築物の建築のための土地所有権等を有する者が、6月以内に届出し、5年以内に当該建築物を建築するための開発行為
ソ　周囲の市街化を促進するおそれがなく、かつ、市街化区域内で行うことが困難等と認められる開発行為で、開発審査会の議を経たもの

　上記の基準のそれぞれは、全体的な観点からスプロール対策上支障がないと認められるか、スプロール対策上支障はあるものの認めるべき特別の必要性が認められるか、どちらかに該当するものである。

　市街化調整区域は、全面的な開発凍結を目指すものではないので、大規模開発であっても、計画的市街化に支障がないものは認められる。

　前述したが、技術基準との適合性の審査はテクニカルなものであるのに対し、立地基準との適合性の審査は、政策的な要素を強く含むものである。この二つを区別するのは、「建築不自由の原則」ではなく、「建築自由の原則」が働く、我が国特有のことといえるかも知れない。

許可権者

　許可権者は都道府県知事である。指定都市あるいは中核市にあっては、それぞれの市の長である。都道府県知事の権限は、地方自治法により市町村長に委任することができる。実態としても、一定規模以上の市町村に委任されていることが多い。

　開発許可の権限に関連して、都道府県・指定都市等には、第三者機関である開発審査会が設置される。審査会は、市街化調整区域における大規模な計画開発の立地の適否などの審査を行う。

線引き都市計画区域以外での適用

　前述したように、開発許可制度は、線引きの実現手段であるということにとどまらず、すべての都市計画区域及び準都市計画区域に適用される。線引き都市計画区域である場合との違いは、次のようなことである。
ア　開発面積が3,000m^2（条例で300m^{2}まで引き下げは可能）未満の開発行為には適用されないこと
イ　許可基準は技術基準のみが適用され、立地基準は適用されないこと
　線引き都市計画区域では、市街化区域内では開発面積1,000m^{2}以上は許可が必要なこと、市街化調整区域では、開発面積の下限がなかったことと比べれば、比較的緩い規制となっている。立地基準は、市街化調整区域そのものが存在しないので、それが適用されないのは当然といえば当然である。
　開発許可制度は、都市計画区域及び準都市計画区域の外でも、開発面積1ha以上の開発行為に適用される。これは、大規模な開発であれば、地域の如何を問わず、一定の宅地の水準の確保が必要であることによるものである。技術基準のみが適用されることになる。

市街化調整区域内における建築規制

　開発許可そのものではないが、市街化調整区域内では、開発許可を受けた土地以外の土地においては、許可を受けなければ、建築物の建築ができない。これも、線引きに関する都市計画の実現手段である。つまり、市街化を抑制しようとする観点からは、開発行為だけでなく、既存の宅地上での建築など開発行為を伴わない建築も抑制する必要があることによるものである。このような趣旨から、許可の基準は、基本的には開発行為における立地基準と同様である。

2．線引きに関する都市計画の実現手段

開発許可と建築確認

　開発許可は開発行為に対する規制であり、本章3で述べる建築確認は建築行為に対する規制である。建築行為と開発行為が一体で行われる場合は、当然ながら許可と確認の双方が必要である。実務的には、建築確認申請にあたって、開発許可を得ていることの証明書の添付を義務付けることで、両者の整合が保たれている。

復習問題

Q 市街化区域における開発規制の内容はどのようなものですか。

Q 市街化調整区域における開発規制は、市街化区域のそれとどこが違いますか。

Q 市街化調整区域で認められる開発は、具体的にどのようなものですか。

Q 開発許可は、誰が行いますか。

COLUMN⑬

「農林漁業との調整」

　線引き制度にとっては、農林漁業部局、とりわけ農業部局との調整は欠かせない。市街化は農地が農地でなくなるということでもあるので、農業政策にとっては、無関心ではいられないということである。市街化区域の設定や市街化調整区域での開発許可の運用など、常に、国レベルで都市計画部局と農業部局での調整が行われていた。

　調整といえば聞こえは良いが、有り体には、それぞれのサイドの領域争いのようなものである。線引きは、都市計画の仕組みであるはずだが、当時筆者などが横で見ていると、農業サイドの仕組みのようでもあった。当時の規制緩和を求める強い声の中で、都市サイドが市街化区域の拡大の案を持っていくと、農業サイドは、まだ宅地化されない農地が市街化区域内に残存しているのに拡大とはおかしいではないか、市街化調整区域内の開発許可範囲を拡大する案を持っていくと、不良な市街地の形成を助長するのではないかなど、線引き制度は、農業部局によって守られているとさえ思ったものである。最近は、そんなことはないであろうが。

　都道府県が決める都市計画を国レベルで調整しているのも、おかしなことである。勿論、都道府県のレベルでの調整も行われるのだが、あたかも都道府県を信用していないかのようである。地域の中で両方のサイドの調整が了すれ

ば、それで足りるはずである。ささいな調整ごとから解放された、都市における農業経営とも両立し農地の環境機能も取り入れた都市計画の時代は、来るであろうか。

　用途地域における用途区分の一つである田園住居地域の運用から目が離せない。

用途地域に関する
都市計画の実現手段

Point
- ▶ 用途地域に関する実現手段は、建築確認である。
- ▶ 主な規制は、用途・容積率・建ぺい率の三つである。

　線引きに関する都市計画と並ぶ根幹的な都市計画である用途地域に関する都市計画の実現手段は、建築基準法上の「建築確認」である。掻い摘んで説明すれば、建築物の建築等にあたって、建築基準法が定める用途、容積率、建ぺい率などの基準に適合しているかどうかの建築主事の確認を必要とすることで、用途地域に関する都市計画を定めた目的の実現を図ろうとするものである。

「確認」ということに対し奇異な感じがあるかも知れないので、その意味を説明する。簡単にいえば、建築物の建築に着手する前に、建築基準法が定める基準に適合していることの確認を要するということである。確認前に工事に着手することは禁じられており、それに違反すればペナルティーがあるので、実質的には、許可と同様の効果を持つ。許可と確認の違いは、学問上は、前提として行為が一般的に禁止をされているかどうかである。許可においては一般的な行為の禁止を前提にしている。それに対し、確認においては一般的な禁止を前提にはしていないが、それであっても、基準に不適合な行為に対しては、サンクションが課され

るので、実質上において両者に差異はないといえる。そうであれば、どうして建築基準法が、許可制度を採用していないのか疑問が生じるが、ここにも、我が国都市計画が特徴とする「建築自由の原則」が強く作用しているといえる。

　ちなみに、建築基準法は、ここで取り上げているような都市計画に関わる基準と、都市計画とは関わらない基準との両方を規定している。前者は集団規定、後者は単体規定と呼ばれる。集団規定とは、周囲との関係で良好な市街地の形成のため必要な基準であり、単体規定とは、周囲とは関係なく安全・衛生等のため単体の建築物として必要な基準である。勿論、建築確認にあたっては、この両方の基準に適合することが必要である。

建築確認の対象となる建築行為

　確認の対象となるのは、建築物の建築である。この場合、「建築物」、「建築」について、それぞれ次のように定義している。

建築物	土地に定着する工作物のうち屋根・柱・壁を有するもの、観覧のための工作物又は地下・高架の工作物に設ける店舗・事務所等の施設
建築	建築物の新築・増築・改築・移転

　都市計画区域・準都市計画区域内で行われる、以上のような定義に該当する建築物の建築は、すべからく建築確認が必要である。ここでは、用途地域に関する都市計画の実現手段を取り上げているので、当然ながらすべての建築物が確認の対象となる。ちなみに、都市計画区域等以外では、一定規模以上の建築物だけが建築確認の対象となる。

建築確認の基準

　用途地域に関する都市計画は、それに関わる内容が建築基準法上の建築確認の基準となることで、その実現が担保される。

建築基準法によれば、確認の基準は、建築物の建築に際し守るべき「最低の基準」である。都市計画に関わる規制が「最低の基準」であるというのは、多少の違和感がなくもないが、他方で、実定都市計画法は、都市計画の理念の一つとして、「健康で文化的な都市生活の確保」を掲げているので、その限りでは整合はとれている。

　用途地域に関する都市計画と建築基準法との関係で、確認の基準となる具体の規制内容の定まり方は、規制項目によって、次のような違いがある。

ア	用途の区分が定まると建築基準法の規定により規制内容が確定し基準となるもの	用途 斜線制限 建ぺい率（商業地域に限る。）
イ	用途区分に応じ、建築基準法の規定の範囲内で都市計画で具体的内容を定めることで基準となるもの	容積率 建ぺい率（商業地域を除く。） 敷地面積 外壁の後退距離、絶対高さ制限
ウ	用途の区分に応じた規制内容が建築基準法で定まり具体の適用区域を条例で指定して基準となるもの	日影規制

　ウの日影規制は、適用対象区域を条例で指定するので、厳密には用途地域に関する都市計画に基づく規制としない整理も可能である。

　いずれにしても、用途地域は、規制基準について、その実現手段である建築確認を規定する建築基準法に多くを依存しているといえる。こうした関係が適切かどうかは意見の分かれるところでもある。

　以下では、用途、容積率、建ぺい率、この三つの規制項目を中心に、具体の基準を説明する。

用途

　用途地域における用途区分の運用の考え方は、第2章4（「用途地域に関する都市計画」）で述べたとおりである。

　用途区分が決まれば、それぞれの区分毎の用途に関しては、建築基準法の別表にその内容が定められている。それが、確認の基準となる。非常に事細かに定められているので、それを逐一述べることはできないが、

おおまかには次のようなことである。

　別表を貫く基本的な考え方は、住居の環境の保護と適正な用途配分である。この考え方の下に、最も住居の環境の保護に支障となる、周囲に公害を発生させる可能性の高い、あるいは火災原因となる可能性の高い工場は、工業専用地域及び工業地域に限定している。特に工業専用地域では、住宅は認められない。一方で、第一種低層住居専用地域　第二種低層住居専用地域　第一種中高層住居専用地域及び第二種中高層住居専用地域では、一定の生活利便施設は許容しつつも、基本的には住宅のみが認められる。

　上記以外の第一種住居地域　第二種住居地域　準住居地域、田園住居地域、近隣商業地域　商業地域及び準工業地域地では、用途の特化性は相対的には低く、一定程度の用途の混在が認められている。この七つの地域の違いは、住居の環境の保護を図りながら、都市活動の必要な施設として、どこまでのものを認めるかである。都市活動のため必要な施設とは、店舗・事務所、ホテル・劇場・遊興施設等サービス施設などを指す。

　もう少し具体的に、用途区分別に、その内容を図示すると**図15－①**のとおりである。

　この用途規制は、市街化調整区域以外の用途地域の指定のない区域でも適用される。用途地域における用途規制に比べればキメの粗い規制である。とはいえ、劇場、映画館、店舗等で床面積が10,000m²を超えるものなどは立地できない。

容積率

　容積率に関しては、その最高限度が、建築基準法において、用途地域の各区分毎に数値で選択メニューが示されており、確認の基準とするためには、具体の都市計画で数値を選択し決定しなければならない。その選択された数値、厳密にはその数値以下であることが、確認の基準となる。

　容積率規制は、建築物のボリュームを定め、それによって市街地の密

図15－①　用途地域における制限（用途）

用途区分	許容される用途
第一種低層住居専用地域	専用住宅のほか、小規模な店舗等兼用住宅、小中学校等が認められる。
第二種低層住居専用地域	第一種低層住居専用地域で認められるものに加えて、150m²以下の店舗等が認められる。
第一種中高層住居専用地域	専用住宅のほか、病院、大学、500m²以下の店舗等が認められる。
第二種中高層住居専用地域	第一種中高層住居専用地域で認められるものに加えて、1,500m²以下の店舗・事務所等が認められる。
第一種住居地域	住宅・学校のほか、3,000m²以下の店舗・事務所・ホテル等が認められる。
第二種住居地域	第一種住居地域で認められるものに加えて、10,000m²以下の店舗、事務所、ホテル、パチンコ店、カラオケボックス等が認められる。
準住居地域	第一種・第二種住居地域で認められるものに加えて、自動車関連施設等が認められる。
田園住居地域	第一種・第二種低層住居専用地域で認められるものに加えて、農業用施設等が認められる。
近隣商業地域	キャバレー・環境の悪化の恐れのある工場のほかは、ほとんどが認められる。
商業地域	近隣商業地域で認められるものに加えて、キャバレー等が認められる。
準工業地域	環境の悪化の恐れのある工場のほかは、ほとんどが認められる。
工業地域	どんな工場でも認められ、住宅・店舗も認められるが、学校、病院、ホテル等は認められない。
工業専用地域	どんな工場でも認められ、一定の店舗も認められるが、住宅、学校、病院、ホテル等は認められない。

度コントロールを行うものである。どのような密度構成の市街地像を目指すかに応じて、選択メニューの中から具体の数値が選択されることになる。一般的には、高度利用の必要の高い区域には高い数値が、そうでない地域には相対的に低い数値が選択される。その選択メニューの内容は、**図15－②**に示すとおりである。

3．用途地域に関する都市計画の実現手段

この容積率規制は、用途地域の指定がされていない区域にも適用がされるものである。具体には、50％から400％の範囲で、特定行政庁（特定行政庁に関しては後述する。）が、都道府県都市計画審議会の議を経て定めた数値が適用されることになる。

　容積率規制の具体の建築物への適用にあたっては、ここまで述べてきた用途地域に関する都市計画で定める数値とは別に、建築基準法に基づく前面道路幅員により定まる数値（例えば、住居系用途地域で、幅員4mであれば、$4 \times 0.4 = 160\%$）があり、どちらか小さい数値が適用されることには注意を要する。

建ぺい率

　建ぺい率規制に関しては、容積率と同様にその最高限度が、商業地域を除いて、用途地域の各区分毎に数値で選択メニューが示されており、確認の基準とするためには、具体の都市計画で数値を選択し決定しなければならない。その選択された数値、厳密にはその数値以下であること

図15-②　用途地域による制限（容積率・建ぺい率の選択メニュー）

（単位：％）

	第一種低層住居専用地域	第二種低層住居専用地域	第一種中高層住居専用地域	第二種中高層住居専用地域	第一種住居地域	第二種住居地域	準住居地域	田園住居地域	近隣商業地域	商業地域	準工業地域	工業地域	工業専用地域
容積率	50 60 80 100 150 200	50 60 80 100 150 200	100 150 200 300 400 500	100 150 200 300 400 500	100 150 200 300 400 500	100 150 200 300 400 500	100 150 200 300 400 500	50 60 80 100 150 200	100 150 200 300 400 500	200 300 400 500 600 700 800 900 1000 1100 1200 1300	100 150 200 300 400 500	100 150 200 300 400	100 150 200 300 400
建ぺい率	30 40 50 60	30 40 50 60	30 40 50 60	30 40 50 60	50 60 80	50 60 80	50 60 80	30 40 50 60	60 80	80	50 60 80	50 60	30 40 50 60

が、確認の基準となる。

　建ぺい率規制は、安全・衛生上の観点から、空地（建ぺい率規制で確保される、敷地のうち建築物によって蔽われる部分以外の、いわゆる「非けんぺい地」）の確保を図るものである。空地の量は、紛争の要因となり易いことから、住居の環境の保護の必要性の程度の判断によって決まる。一般的には、住居専用系の地域には低い数値が、そうでない地域には相対的に高い数値が選択される。選択メニューは、**図15－②**に示すとおりである。

　この建ぺい率規制は、用途地域の指定がされていない区域にも適用がされるものである。具体には、30％から70％の範囲で、特定行政庁が、都道府県都市計画審議会の議を経て定めた数値が適用されることになる。

　建ぺい率規制の具体の建築物の適用にあたっては、建築基準法が定める一定の場合において、用途地域に関する都市計画で定める数値が割増されることに注意を要する。例えば、防火地域内の耐火建築物であれば、10％の割増がされる。

その他の規制

　斜線制限、敷地面積、外壁の後退距離、絶対高さの制限及び日影規制の内容は、簡単には、次のようなものである。

斜線制限	建築物の各部分の高さは、道路・隣地・北側との関係で、それぞれ一定の算式に基づいて計算された数値以下でなければならないとするものである。通風、採光等を確保し良好な環境を保持することを目的とする。例えば、第一種低層住居専用地域では、道路との関係（これを道路斜線制限という。他にも隣地斜線制限・北側斜線制限がある。）で、各部分の高さは、前面道路の反対側の境界線までの水平距離の1.25倍以下でなければならないとするものである（これにより計算すれば、高さの限界を定める線が斜線になりことから斜線制限と呼ばれる。街で、建物の壁面が垂直ではなく階段状になっているのがよく見かけられるが、これは斜線制限によるものである。）。
敷地面積	建築物の敷地面積の最低限度を定めるものである。敷地の分割による住環境の悪化を防止することを目的とする。その面積は具体の都市計画で定めるが、200m^{2}以下で定めなければならない。

外壁の後退距離	建築物の外壁又はこれに代わる柱の面から敷地境界線までの距離を一定程度確保しなければならないことを定めるものである。建築物相互間に一定の空間を確保し、日照・通風・防火などの面で良好な環境の形成を目的とするものである。第一種低層住居専用地域、第二種低層住居専用地域又は田園住居地域でのみ定めることができる。その距離は具体の都市計画で定めるが、1.5m又は1mのどちらかを限度とするものでなければならない。
絶対高さ制限	住環境や市街地の景観を保持することを目的として、建築物の高さの制限を定めるものである。第一種低層住居専用地域、第二種低層住居専用地域又は田園住居地域でのみ定めることができる。その数値は具体の都市計画で定めるが、10m又は12mのいずれかでなければならない。ちなみに、この絶対高さ制限、斜線制限及び後述の日影規制をまとめて高さ制限と呼ぶこともある。
日影規制	中高層の建築物について、冬至日の真太陽時による午前8時から午後4時までの間（北海道の区域内は午前9時から午後3時まで）において、敷地境界線から水平距離5mを超える範囲においては、定められた高さの水平線に日影を落とす時間が一定時間未満となるよう、建物の高さを制限するものである。採光等を確保し良好な環境の保持を目的とする。具体の適用区域等は条例で指定する。例えば、第一種中高層住居専用地域においては、10mを超える建築物は、敷地境界線から5mを超え10mまでは、平均地盤面からの高さ4mの水平線に日影を落とす時間が3時間未満となるような高さとしなければならないと定める。日影規制は、原則として、商業地域、工業地域及び工業専用地域では適用されない。

建築確認の主体

　建築確認は建築主事が行う。建築主事とは、耳慣れないが、市町村又は都道府県の職員で国土交通大臣の登録を受けたものである。建築確認を行うことを任務とする。建築主事は、人口25万人以上の市にはおかなければならない。それ以外の市町村でもおくことができる。建築主事をおいていない市町村では、都道府県におかれる建築主事がその任務を行う。

　特定行政庁とは、建築主事をおく市町村又は都道府県の長のことである。特定行政庁は、建築確認は建築主事が行うので、それ以外の建築基準法上の権限、例えば確認基準の例外許可などを行う。例外許可の代表的なものに、いわゆる総合設計がある。

総合設計とは、一定規模以上の敷地で敷地内に広い空地があることなどにより総合的な配慮がされた建築物の建築に関しては、特定行政庁の許可があれば、容積率等の規制が緩和されるというものである。都市計画とは直接関係はしないが、一般規制の緩和手法としてよく使われるものである。

用途地域を補完する都市計画の実現手段

　用途地域を補完する都市計画も、その実現手段は、基本的には建築確認である。例外的に、特定行政庁の許可が必要な場合がある。
　確認の基準となる具体の規制内容の定まり方は、次のように、いくつかのバリエーションがある。
ア　都市計画で定めた内容がそのまま規制基準となるもの
イ　都市計画の内容に沿った条例で規制基準が定まるもの
ウ　条例で規制内容を定めるもの
　この中では、アの方法が圧倒的に多い。イの方法は、特定用途制限地域における用途規制がこの方法によっている。ウの方法は、特別用途地区が採っている。
　これらとは別に、特例容積率適用地区においては、特定行政庁の許可によって規制内容が定まるという方法が採られている。

田園住居地域における規制

　ここまで、用途地域の実現手段は、建築確認と述べてきたが、その例外がある。実定都市計画法において、建築確認とは別に、田園住居地域にあっては、農地の区域内で、土地の形質の変更、建築物の建築等を行う場合、市町村長の許可を要するというものである。農地面積が300m^{2}以上の場合は、原則不許可となる。
　これは、田園居住地域が、「農地の利便の増進」という特異な目的を

3．用途地域に関する都市計画の実現手段　　129

掲げるものであることによるものである。前述したように、市街化区域内農地を転用して宅地にする場合、農地法による届出をすれば足りていたが、新たな規制が加わったことになる。

> **復習問題**
>
> **Q** 用途規制の主たるねらいは何ですか。
>
> **Q** 第一種低層住居専用地域と工業専用地域の用途規制の違いはどのようなことですか。
>
> **Q** 容積率規制の主たるねらいは何ですか。
>
> **Q** 建ぺい率規制の主たるねらいは何ですか。
>
> **Q** 第一種低層住居専用地域と商業地域とでは、容積率及び建ぺい率の規制の考え方は、どのように違いますか。
>
> **Q** 建築確認は、誰が行いますか。

COLUMN⑭

「霞が関ビルと容積率」

　霞が関ビルは、我が国の超高層ビルのはしりである。都市の容量コントロールの手法として、今や定着しているのが容積率規制である。1970年に容積率が本格的に導入されるまでは、そのための手法は、絶対高さの制限と建ぺい率規制であった。これを改めるきっかけの一つとなったのが、霞が関ビルである。つまり、超高層の建築技術が確立していく中で、絶対高さ制限は、建築の自由度の障害になるということであった。霞が関ビルそのものは、別の手法の導入で、絶対高さの制限を受けることはなかった。

　容量コントロールの手法として、容積率規制が良いのか絶対高さ制限が良いのかは、それほど簡単に結論が出せることではない。バブル期以降、この議論をややこしくしているのは、経済学的観点からの介入である。つまり、土地の経済的価値の最大化の障害となるのが、容積率規制であるという主張である。筆者にいわせれば、容量コントロールの必要性を否定する、とんでもない暴言である。

　このような暴言に多少でも理があるとすれば、容積率規制の具体の数値の設定根拠が曖昧であることである。公共施設等への負荷とのバランスという、定性的な根拠には説得力があっても、具体の数値の選択には合理性がないというのが筆者の率直な感想である。一見科学的に見えるので、余計に厄介である。その適用の例外措置のための仕組みは

必要だとしても、絶対高さ制限にも魅力を感じる。規制としてシンプルであり、良好な景観形成のためのスカイラインの統一性の保持には有効であろう。

その他の土地利用に関する都市計画の実現手段

> **Point**
> ▶ 開発許可・建築確認以外に、土地利用に関する都市計画の実現手段には、様々なものがある。

　土地利用に関する都市計画の実現手段としては、開発許可・建築確認以外にも、個別都市計画毎に、様々な行為規制等がある。規制内容も、法律で規定するものもあれば、法律の委任による条例で定まるものもある。

　以下では、風致地区、特別緑地保全地区及び伝統的建造物群保存地区における実現手段を取り上げる。

風致地区における実現手段

　風致地区に関しては、実定都市計画法に基づき、規制の内容は、地区面積10ha以上の場合は都道府県の、それ以外の場合は市町村の条例で定めるが、その際の基準が政令で決まっている。それによれば、その地区内において、建築物の建築、土地の形質の変更、木竹の伐採、色彩の変更等をしようとする場合、都道府県知事又は市町村長の許可が必要である。一定の基準に該当すれば許可される。

後述の特別緑地保全地区と比べて、風致地区における規制内容が特徴的なのは、一定の開発・建築行為等は許容するということである。例えば、建築物の建築では、一定以下の高さあるいは建ぺい率の建築物は認められ、土地の形質の変更では、植栽に関し一定の配慮がなされた宅地造成は認められる。このように、規制内容に柔軟性があることが、いくつかある保全タイプの地域地区の中で、風致地区が最も活用されていることの理由の一つであろう。

特別緑地保全地区における実現手段

　特別緑地保全地区内において、都市緑地法に基づき、建築物の建築、土地の形質の変更、木竹の伐採等の行為をしようとする場合、都道府県知事の許可が必要である。都道府県知事は、緑地の保全上支障がある時は、許可ができないことになっている。緑地の保全のために定めて、それに支障がない行為というのは極めて限定なものになるので、その意味で、特別緑地保全地区においては、現状凍結的な厳しい規制が土地所有者等に課されることになる。

　このような厳しい規制への、言わば見返り措置として、許可を受けることができないため生じた通常の損失は補償することとされ、一定の場合に許可を受けることができない者からの買取りの申出も認められる。このような損失補償等は、都市計画の中では特異なものである。

伝統的建造物群保存地区における実現手段

　伝統的建造物群保存地区に関しては、文化財保護法に基づき、規制の内容は市町村の条例で定めるが、その際の基準が政令で決まっている。それによれば、その地区内において、建築物の建築、土地の形質の変更、木竹の伐採、色彩の変更等をしようとする場合、市町村長の教育委員会等の許可が必要である。一定の基準に適合しない場合には、許可しては

ならないとされる。

　その基準とは、群を構成する伝統的建造物の改変によっても当該伝統的建造物群の特性が維持されていること、伝統的建造物群以外の建築物の改変によっても当該保存地区の歴史的風致が著しく損なわれていないことなどである。以上のような規制に加えて、条例に基づいて、それぞれの市町村で保存活用計画が策定されている。これも実現手段ということができる。

> **復習問題**
>
> **Q** 保全タイプの地域地区で、行為規制に対し補償を要するものを一つ挙げてください。

COLUMN⑮

「都市計画と港湾」

　農林漁業と同じくらいに、あるいはそれ以上に港湾との調整は大変であった。農林漁業との調整が、所詮縄張り争いであったことは否定もできないが、そうはいっても、都市的土地利用と非都市的土地利用との調整という政策的側面もあった。港湾との調整は、都市的土地利用内部のもので、縄張り争いの色彩はより強いものだった。もっとも、港湾サイドにすれば、都市的土地利用の外に港湾があるということにはなるのだが。それでも、港湾が地理的にも機能的にも都市の一部であることは否定しようがない。

　このような争いは、旧・都市計画法の時代からのもので、臨港地区という仕組みで一定の妥協は成立した。このような争いが一層激しくなるのは、1980年代以降である。筆者もそれに巻き込まれたが、要するに、港湾の陸地部分を都市内都市として港湾の自由にさせろということであった。これは、何も港湾サイドだけが悪いと言っているわけではない。都市計画サイドも、随分意地悪的なこともした。

　このような争いは今ない。都市計画と港湾、両方を一つの省で担うことになったからである。無用な争いがなくなることに越したことはないが、組織が一つになればなくなるような争いとは、何であったのか。確かに、都市計画を担う組織が事業もやっていると余計な詮索を受けることにはなる。それなら、いっそのこと、都市計画を担う組織と

事業のそれとを切り離すことも一案かもしれない。都市再生法の仕組みが、すでにそれであるという見方もできる。

事業に関する都市計画の実現手段

> **Point**
> ▶ 事業に関する都市計画の実現手段は、事業の種類に応じて、複数のものがある。

　この都市計画は、事業の実施によって、その実現が図られるものである。この事業にはいくつかのタイプがあるが、用地買収の要否で分ければ、次のようになる。

ア	都市施設に関する都市計画	—	用地買収型事業の実施
イ	市街地開発事業に関する都市計画	土地区画整理事業、市街地再開発事業（第一種）に関する都市計画など	非用地買収型事業（換地処分・権利変換）の実施
		新住宅市街地開発事業、市街地再開発事業（第二種）など	用地買収型事業の実施

都市計画事業

　都市計画に基づく事業の実施は、通常は、実定都市計画法が定める都市計画事業という仕組みの中で行われる。都市計画事業として実施するためには、認可が必要である。

この認可は、事業主体が、都道府県であれば国土交通大臣が、市町村であれば都道府県が、それぞれ行う。国の機関が事業主体である場合、認可は国土交通大臣である。

　都市計画事業であることの効果として、収用手続における事業認定が不要となること、事業中の事業実施の障害となる建築・開発行為等を制限する、いわゆる「事業制限」が認められることなどがある。収用手続における事業認定とは、事業への反対等により用地買収ができない場合に、土地等の強制取得にあたって必要となる事業の適格性の審査のことである。都市計画事業としての認可を得ていれば、この認定を受けることなく、強制取得の手続に入ることができる。用地買収型事業にとっては、効果的なものである。

　都市計画事業の実施の主体は、通常は、国、地方公共団体などの公的主体である。例外的に、民間事業者も実施主体として認められている。民間事業者が行う都市計画事業は、「特許事業」と呼ばれる。

　事業の実施方法などに関しては、実定都市計画法に具体的な規定はないので、それぞれの事業に関する個別法（道路法、土地区画整理法など）が定める。

　勿論、都市計画事業として行わないことも可能である。都市計画決定をしながら、都市計画事業として実施しない例として、国道の整備がある。

非用地買収型事業

　用地買収型事業は、通常の公共事業で見られるものであり、都市計画とは関係なく実施されることも多いので、詳しい事業の仕組みの説明は要しないであろう。非用地買収型事業は、都市計画とつながりの深いものであり、事業の仕組みも複雑なので、ここで簡単に説明しておく。要は、換地処分あるいは権利変換という手法を用いることにより、事業実施前に権利者が有する権利に代えて、事業実施により生み出される新た

な権利を強制的に付与することで、用地買収が不要となる事業のことである。土地区画整理事業や第一種市街地再開発事業が代表的である。

　土地区画整理事業は、整形化・接道条件の改善等の宅地の整備と公共施設の新設・改良とを一体的に行うことにより、健全な市街地の形成を図ろうとするものである。その際、「換地処分」という手法を用いて、土地所有者等に、事業前よりも面積は減少（これを「減歩」という。）するが利用価値の高まった事業後の土地を強制的に付与するので、減歩分に相当する公共施設用地等が無償で生み出されることになる。先にも述べたように、震災・戦災復興で用いられた手法で、我が国の街の多くはこの手法で出来上がっている。今でも、重要な市街地の整備手法である。

　第一種市街地再開発事業は、老朽化した建築物の更新と公共施設の新設・改良とを一体的に行うことにより、市街地の合理的かつ健全な高度利用を図ろうとするものである。その際用いる「権利変換」という手法は、換地処分が土地のみを対象にするものであるのに対し、建築物をも対象とする点で違いはあるが、無償で公共施設用地等を確保できることでは、換地処分と同様の性格をもつ。土地区画整理事業が平面的なものであるとすれば、市街地再開発事業はそれを立体的なものにしたということができる。

計画制限

「計画制限」とは、事業に関する都市計画の実現手段である事業実施の前の段階で、事業の実施の障害となる行為を制限するものである。これも、広い意味では実現手段ということができる。

　具体的には、計画決定の区域内で建築物の建築を行う場合、都道府県知事の許可が必要となる。申請行為が、都市計画に適合するか、二階建て以下で、かつ、木造等の構造である場合かいずれかに該当しなければ、原則許可されない。不許可になっても、それに対する補償はされない。この計画制限は、都市計画決定後長期にわたって事業に着手しない場合、

そうした制限を補償なしにすることに妥当性はあるか、争いとなることがある。

基盤整備の責任と負担

　事業に関する都市計画の実現手段ということではないが、その実現を図るにあたって避けて通れないテーマである、基盤整備の責任と負担の問題を取り上げておきたい。
　これに関しては、都市計画法に明示的な定めはないものの、従来から、次のような考え方が採られてきている。
ア　市街地形成の根幹となるような幹線道路、下水道幹線等は、国及び地方公共団体がその負担において整備する（都市施設の関する都市計画の対象となる施設の多くは、このアに属するものである。）。
イ　これらの幹線に接続する支線的な道路、排水施設等は、開発者の負担において整備する。

　以上の考え方を反映して、先に述べた開発許可の技術基準において、開発者の義務として、例えば、道路にあっては幅員6m以上12m以下とすべき旨を定めるとともに、それとは別に、「主要な公共施設（道路でいえば12m以上の道路）に関しては、開発者が国又は地方公共団体に当該取得に要すべき費用の額の全部又は一部を負担すべきことを求めることができる」旨を定めている。建築基準法においても、同様の考え方の下に、建築物の建築にあたって、幅員が4m以上の道路に接すること（いわゆる接道義務）を定めた上で、そのような道路が存しない場合には、建築主が敷地内に原則4m以上の道路を築造して特定行政庁の指定を受けなければならないこと（いわゆる「道路位置指定」）として、建築主の責任と負担を求めている。
　実態を見ると、アに関しては、公的主体の財源難等に直面して整備が思うに任せないことなど、イに関しては、市街化区域内の一定規模未満の開発ではそもそも開発許可を要しないこと、個別の建築行為での接道

5．事業に関する都市計画の実現手段

義務では全体としての良好なネットワークの形成には限界があることなどから、上記の責任と負担に関する考え方が十分機能しているとは言い難い。

　関連して、受益者負担金に触れておきたい。受益者負担金は、事業費を賄うために、事業の実施によって利益を受ける土地所有者等から、その受益の限度で負担を求めるものである。旧・都市計画法の時代から今に続く、全体的な公平性を確保する観点から重要な仕組みである。上記アの施設に関しては、公的主体の整備に要する費用の一部を最終的に税金ではなく周辺地域の地権者の負担で賄うという意味を持っている。イの施設に関しては、公的主体が代わって負担した整備に要する費用の全部を本来負担すべき者に求めるという意味を持つ。この受益者負担金は、受益算定上の技術的な困難性もあり、下水道事業を除けば、現在本格的には実施されていない。開発指導要綱に基づく開発事業者の負担金の拠出は、受益者負担金に近い性格を持っている。

　部分的にではあるが、上記の責任と負担に関する考え方を徹底しているのが土地区画整理事業である。つまり、事業に伴う公共施設の整備・改善にあたって、上記ア・イともに減歩を通じて無償で用地を生み出すとともに、アに係る部分に関して公的助成を行うことで、上記の考え方を採りつつ、良好な市街地形成につなげている。

復習問題

Q 都市施設が計画決定されると、事業の実施までに、どのような制限がかかりますか。

Q 都市計画事業として事業を実施する場合の最大のメリットは何ですか。

Q 土地区画整理事業と市街地再開発事業とでは、事業手法にはどのような違いがありますか。

COLUMN⑯

「御堂筋と都市計画」

　大正から昭和の初めにかけて、東京が必死で震災復興に取り組んでいた頃、大阪でも、先進的な都市計画が実践されていた。その象徴が御堂筋である。それまでの御堂筋は、幅員6m、延長約1.3kmの狭く短いものであったが、それを幅員44m、延長4kmに作り替えようとするものである。この構想が発表された当時は、船場に飛行場を作るつもりかとまで評されたそうである。併せて注目すべきは、この街路の下に地下鉄を整備しようとするものであったことである。

　御堂筋は、約11年の歳月をかけて1937年に完成し、地下鉄はそれに先行して我が国初めての市営地下鉄として開通した。この構想は壮大であるだけに、数々の困難に直面した。何といっても、最大の困難は財源問題であろう。世界恐慌や震災復興の影響を受けて、期待していた国の支援もままならない中で財源を捻出しなければならなかった。そこで、考え出されたのが受益者負担金である。旧・都市計画法に規定されていたとはいえ、今では下水道事業にしか使われていない程に運用が難しい制度を街路に適用したのは画期的なことである。当然ながら、地権者の猛反発を受けたが、地道な説得を続けやり遂げた。都市計画の草創期に見上げたものである。

　御堂筋は、街路と地下鉄だけでなく、沿道のイチョウ・

プラタナス並木や百尺規制の建築規制による統一的なスカイラインの形成とも相まって、大阪を代表する景観となった。今でもその名残は受け継がれている。これを主導したのが、大阪市長の関　一である。まさに、東の後藤、西の関というにふさわしい。

地区計画等に関する都市計画の実現手段

> **Point**
> ▶ 地区計画等に関する都市計画の実現手段は、届出・勧告、開発許可など複数のものがある。
> ▶ 強制力のあるものもあれば、ないものもあり、多様な手段を有することが特色である。

　地区計画等に関する都市計画の実現手段は、一つということではなく、複数のものがある。これも地区計画等の特色の一つである。
　とはいっても、地区計画等の特色として、施設に関する内容も土地利用に関するそれも一体的に定めることが可能であることを前述したが、実現手段としては、基本的には土地利用に係る行為規制だけであり、事業に関する都市計画で用意されているような、施設に関する内容を積極的に実現する手段は用意されていない。このことによって、地区計画等の特色を十分に発揮できていないのではとの指摘もある。
　地区計画等に関する都市計画には、いくつかのものがあるが、ここでは、一般タイプである地区計画の実現手段を中心に解説する。その他のものにあっても、それぞれに多少の特異性はあるものの、地区計画のそれと大きく変わるところはない。
　その実現手段は、実定都市計画法、建築基準法それぞれに位置付けら

れている。具体的には次のようなものである。
ア　開発・建築行為等に関する届出・勧告によるもの（実定都市計画法）
イ　計画内容の条例化を通じた建築確認によるもの（建築基準法）
ウ　開発行為に関する開発許可によるもの（実定都市計画法）

届出・勧告

　届出・勧告は、地区計画の一般的な実現手段である。実定都市計画法において規定されている。具体的には、地区計画の区域内（正確には、その内容の一部である地区整備計画等が定められた区域内）で、建築物の建築、土地の区画形質の変更等をしようとする者は、市町村長に届出を行わなければならない。地区整備計画の内容次第で、用途の変更や色彩の変更なども届出が必要である。他の実現手段の適用は一定の場合に限定されるが、この届出は、地区整備計画が決定されれば必ず行わなければならないということで、地区計画の一般的な実現手段である。

　その届出の内容が計画に適合しない場合、市町村長は必要な措置を執るよう勧告できる。

　厳密には、勧告に直接的な強制力はないので、その点でソフトな実現手段と呼ばれる。ただ、勧告を受ける側に立つと、それに従わない時の社会的リスクがあるので、強制力に全く欠けるとも言えない。ちなみに、必要な届出をしない場合には、罰則が課されることになる。

　このように、地区計画の一般的な実現手段として、比較的強制力において劣る手法を採用したのは、地区計画が基本的に詳細な規制を上乗せして定めるものであること、身近な内容のものであるので強制力に欠けても実現の支障にはなりにくいことなどがある。

建築確認

　地区整備計画の内容のうち建築物に関する事項は、必要な場合には、

建築基準法上の条例の内容とすることができる。条例化をすれば、地区計画の内容は建築確認の基準となるので、建築確認によって内容の実現が担保される。届出・勧告制度とは違って、この場合は法的強制力が働くことになる。

地区計画の内容であれば、どのようなものでもこの条例の内容にできるわけではない。条例にする際の基準が、建築基準法で定まっている。例えば、容積率の最高限度では、その数値が50％以上であること、建ぺい率の最高限度では、その数値が30％以上であることが必要である。

地区整備計画の内容のすべてが条例化により建築確認の基準となれば、別途の届出は必要ではない。

開発許可

開発許可の技術基準の一つとして、地区整備計画の区域内では、予定建築物の用途や開発行為の設計が、地区計画の内容に即していなければならないことになっている。これによっても、一定程度の法的強制力は働くことになる。建築基準法による建築確認の基準とする場合のような条例化の必要はない。この「即して」とは、「適合」よりも計画内容との適合性が弱く、おおむね計画内容と一致すれば足りるということである。

地区施設に関する事項に関しては、法的強制力を有する手段としては、一般的には、この開発許可基準への適合性のみである。これも、開発許可を要しないような小規模開発には適用されない。

関連して、地区施設である道路に関しては、開発許可とは別に、建築基準法上の「道路位置指定」にあたって、地区整備計画で定まった道路の配置及び規模に即して行わなければならない。ちなみに、「道路位置指定」とは、特定行政庁が、道路法等によらない道路としての基準に適合する旨の認定を行うものである。建築物の建築を行うためには、原則として、道路法等による道路か、この道路位置指定を受けた道に接して

いなければならないこととされている。

この開発許可を要する開発行為に関しては、別途届出をすることは要しない。

> **復習問題**
>
> **Q** 地区計画等に関する実現手段で、強制力のあるものとそうでないものを、それぞれ挙げてください。

COLUMN⑰

「再開発地区計画のこと」

　再開発地区計画の特色の一つは、地区の内外の交通機能を担う道路のような基幹的な公共施設の整備を義務的な計画事項としたことである。この地区計画が、公共施設が不十分な大規模工場跡地等を念頭におくものであることからである。これが、画期的なのは、ある意味で開発者負担の制度化であったことである。開発者負担というのは、開発に伴って必要となる公共・公益施設の整備負担を開発事業者に求めるものである。

　開発者負担は条文からは直接出てこない。開発事業者が行う基幹的な公共施設の先行的な整備が、これも本計画の特徴の一つである容積率の緩和等の条件となることで、結果として開発者負担が実現することになる。開発者が自分の負担で整備しなければ、緩和のメリットを受けられないということである。開発者負担は、それまでも、地元市町村と事業者との調整の中で行われていたことではある。宅地開発指導要綱はよく知られている。このような調整が、一定の枠組みの下で、ある種透明なプロセスで行われることを可能にしたということである。もっとも、負担の直接的な根拠規定がないというのは、中途半端との誹りは免れない。

　開発者負担も含め受益者負担は、我が国都市計画が取り組まなければならない永遠のテーマともいえる。負担の公

平性確保の観点から、かねてその本格的導入が叫ばれながら、一部の領域で限定的に実施されているに過ぎない。行政側の財政事情から見ても必要性は高まっている。再開発地区計画が創設されて40年近く経っても、その本格導入に向けた目立った動きが無いのはどうしてだろうか。

　ちなみに、再開発地区計画は、現在は地区計画の特別な内容としての再開発等促進区に衣替えされている。

基礎編

第4章

都市計画の対象エリアと決定主体

1 対象エリア

> **Point**
> ▶ 都市計画は、原則として、あらかじめ定めた都市計画区域でのみ決めることでできる。

　対象エリアということでは、実定法上の都市計画は、全国どこでも任意に決められるというわけではない。あらかじめ、都市計画を定めることができる場を決めなければならない。このような場を「都市計画区域」という。

　このように都市計画が策定できる場をあらかじめ限定するのは、欧米にはない我が国に特有の仕組みであろう。これには、行政区域を越えて実質上の都市を対象に都市計画を策定すべきであるとの当時の担当者の意気込みが見て取れると同時に、都市計画が、それに伴う規制も含めて、特別な負担であり、そのような特別な負担が合理性を有するためには、対象地域は限定されたものでなければならないとする考え方もあるであろう。ここに、我が国都市計画の特異性を見ることもできる。さらにいえば、都市を人口・産業がある一定程度集積している場所という意味で地理的な概念で捉えるのか、都市的な生活様式の普及・定着という機能的・文化的な概念で捉えるのかにも関係している。

都市計画区域

　都市計画区域は、都道府県（指定都市）が定める。都市計画区域は、実質上の都市を単位に定めるという考え方を採っている。これが、旧・都市計画法との大きな違いである。旧・都市計画法では、行政区域の単位で定めることになっていた。もっとも旧・都市計画法も、1933年までは、実質上の都市を単位とする考え方を採っていた。

　このように実質上の都市を単位に定めるべきものであることから、行政区域を越えても定めることができる。逆に、一つの行政区域を区分して都市計画区域である区域とそうではない区域とすることも可能である。実態的に、行政区域を越えて定められた都市計画区域は、それほど多くはない。実質上の都市が、複数の市町村で成り立っている実態はかなりあるであろうが、このように行政区域を越えて定められた都市計画区域が少ないのは、実質上の都市を構成する市町村間の調整の難しさの反映でもある。行政区域を越えて定めた都市計画区域（広域都市計画区域）として、札幌圏広域都市計画区域、広島圏広域都市計画区域などがある。都市計画区域の指定基準は、次のいずれかに該当する地域である。

ア　既成の中心市街地を核として都市計画区域を指定しようとする場合	市又は、一定の要件（例えば人口１万人以上で第二次・第三次産業就業者率50％以上）である町村の中心市街地を含み、一体として整備・開発・保全を図る必要がある区域であること
イ　既成の核のない地域に都市計画区域を指定しようとする場合	三大都市圏の都市開発区域その他新たに住居都市、工業都市その他の都市として開発・保全する必要がある区域であること

　アに該当するものとして指定された都市計画区域が圧倒的に多い。イに該当する都市計画区域として、筑波研究学園都市などがある。

　都市計画区域は、都道府県（指定都市の場合は、指定都市）が、関係市町村及び都道府県都市計画審議会（指定都市の場合、当該指定都市の都市計画審議会）の意見の聴取した上で、国土交通大臣の同意付協議を経て、指定を行う。

都市計画区域が指定されれば、その効果として、その区域内で都市計画を決定することが可能となる。都市計画が決まれば、それに基づく規制も働くことになる。具体の都市計画が決まっていなくても、都市計画区域内では、開発・建築行為に関し開発許可・建築確認が必要となる。加えて、都市計画法以外でも、例えば、地価公示の対象となること、国土利用計画法上の土地の譲渡等に関する届出の対象面積が引き下げられることなどの効果が生じる。

　都市計画は都市計画区域内でしか決められないということには例外がある。その一つが後述する準都市計画区域である。加えて、都市施設に関する都市計画だけは、必要な場合には都市計画区域や準都市計画区域の外でも決定できる。例えば、ごみ焼却場の適地がこれら区域に見出せない場合である。

　都市計画区域は、全国で997が指定されている。面積では、国土全体の約27％が指定され、人口では、全国民の95％が都市計画区域に居住している。全国土の中で森林が約66％を占めるので、森林を除いた平地面積に対する割合は、約80％である（**図16**参照）。

図16　全国土と都市計画区域（R5.3.31現在）

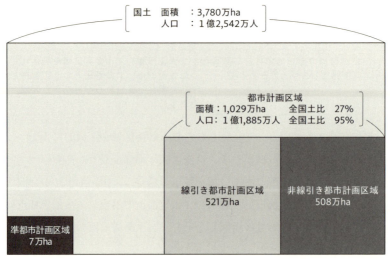

準都市計画区域

　上述したように、都市計画区域において、それ以外の区域内では働かない規制が働くということは、逆に、それを避けようとして、都市計画区域の外側での無秩序な開発・建築行為が助長されるということにつながりかねないということでもある。現に、そのような実態も見受けられたことから、2000年改正で創設されたのが、準都市計画区域である。

　準都市計画区域は、都市計画区域の指定基準には該当しないが、それに準じるような地域で、無秩序な用途の混在化や良好な環境の喪失を防止するために、都道府県が定めるものである。都道府県は、関係市町村及び都道府県都市計画審議会の意見を聴き、指定する。

　これが指定されると、用途地域などの一部の都市計画が決定できること、開発許可・建築確認の対象になることなどの都市計画区域に準じた効果が生じることになる。準都市計画区域の活用事例は少ない。

　2000年改正においては、併せて、都市計画区域でも準都市計画区域でもない区域において、開発行為に対する規制を強化するといったことも行われている。

復習問題

Q 都市計画区域が指定されると、どのような効果が働きますか。

Q 都市計画区域内外でも、開発許可・建築確認は必要ですか。

COLUMN⑱

「都市計画課」

　筆者は、建設省・国土交通省において、都市計画課に三度在籍したこともあり、都市計画課という組織には愛着が深い。霞が関において、大正時代から同じ名前で残っている課は、都市計画課くらいではなかろうか。多くの都道府県・市町村においても、都市計画課という組織は定着していると思っていた。ところが、ある県で、都市計画課がなくなったという話を耳にした。行政改革で殊更に槍玉にあがったというより、仕事が減少して自然と消滅したとのことである。

　翻って、国の都市計画課の将来が気にかかってくる。旧・都市計画法の時代には、国が決定主体であったので、都市計画課に違和感はなかった。新・都市計画法になって、地方公共団体に権限が移ったので、よくよく考えてみれば、都市計画課といっても、都市計画の決定に携わっているわけではないので、名称が変といえば変である。分権改革によって、都市計画課の仕事は、量的にも質的にも変化してきている。愛着はあっても、仕事に合わせた組織であるべきは当然である。

　深刻なのは都道府県の都市計画課である。市町村が中心であるべきであるということが進んで、都道府県の役割は、決定主体としてではなく広域的調整に特化したものということになれば、都市計画課という組織の必要も薄れてくる。

仮にそのようになれば、現在土木系統の部局で行われている都市計画の仕事は、企画系統の部局でも十分担えるし、むしろその方が適切だという考え方もある。調べてみると、現在10程度の県で都市計画課が消えていた。

決定主体

> **Point**
> ▶都市計画の決定は、その種類に応じて、都道府県と市町村とが分担して行う。

　決定主体ということでは、実定都市計画法は、都市計画の決定は、基本的には都道府県と市町村とで、都市計画の種類に応じてその権限を分担することとしている。日本の地方自治は、二層構造となっているので、それがそのまま都市計画にも反映されている。都市計画区域内の市町村は、市が787、町村が565で、計1,352となっている。全国の市町村の約79％が都市計画区域内にある。これらの市町村が、47都道府県と分担をして、都市計画の決定を行っている。

　ここでいっているのは、あくまで都市計画の決定主体であり、この決定主体と実現手段の行使の主体とは必ずしも同じでないことは注意を要する。例えば、線引きに関する都市計画は、その決定主体は都道府県であるが、その実現手段である開発許可の権限は、先に述べたように、一定規模以上の市町村の多くでその長が行使している。

　さらには、形式的な決定権限は行政主体であるとしても、実質的に、誰が都市計画の主体であるべきかということでは、住民・市民であるべきであるということもいえる。その意味で、次章で述べる、「都市計画

はどのようにして決めるのか」ということが、重要である。

都道府県・市町村の分担

　都道府県と市町村の決定権限の分担関係に関しては、実定都市計画法は、根幹的なものや広域的なものは都道府県が、それ以外は市町村が、それぞれ決定するという考え方に立っている（**図17参照**）。

　具体的に、都道府県が決定する都市計画は、主には、次のようなものである。

ア　都市計画区域マスタープラン
イ　線引き
ウ　都市再生特別地区
エ　国道、都道府県道、自動車専用道路等広域根幹的な道路
オ　国営公園・大規模公園
カ　一定の要件に該当する市街地開発事業

　都道府県が決定する都市計画は、一部のものを除き、指定都市におい

図17　都市計画に係る各主体の役割分担

2．決定主体　159

ては、その指定都市が決定する。

市町村が決定する都市計画は、都道府県が決定する都市計画以外のものである。市町村が決めるもののほとんどは、あらかじめ協議を受けるという形で都道府県の関与が行われている。

以上のような、根幹的・広域的なものは都道府県、それ以外は市町村という考え方は、表面上は、決定権限の分担に関し、都道府県が主たる役割を担い、市町村は従たる役割を担うという、都道府県中心主義の立場に見える。現に、新・都市計画法は、制定当時からそのような立場であった。その後の分権改革の流れの中で、都道府県が決定権限を有する範囲が極めて限定されたことからすると、従来の考え方がそのまま維持できるか疑問なしとはしない。正確にはわからないが、全体の決定件数の中で、市町村決定の割合が相当部分を占めているのが実態であろう。

国の関与

国は、実定都市計画法上、基本的には都市計画の決定権限を有しておらず、都道府県が決める都市計画のうち国の利害に重大な関係のあるものについて、あらかじめ協議を受け同意を与える形で関与している。その範囲は、限定的に決められていて、具体的には、主に次のようなものである。

ア　都市計画区域マスタープランの内容の一部
イ　線引き
ウ　都市再生特別地区
エ　国道・一部の自動車専用道路
オ　国営公園

上記の協議以外で、実定都市計画法は、国の利害に重大な影響がある場合における国の指示・代執行、2以上の都道府県にまたがる都市計画区域における国の決定権限を定めてはいるが、これらの権限が発動されたことはない。

広い意味での国の関与ということでは、上記以外に、実定都市計画法は、都市計画と国が定めた国土計画などの計画とが適合していなければならないこと、地方自治法によって認められる技術的助言により、一般的に国の意向が反映しうることなどがある。さらには、事業に対しては、国からの交付金・補助金の仕組みが用意されているので、これによっても、実態上、国の考え方を都市計画に反映させることができる。

　このように、現在では都市計画における国の役割が極めて限定的なものにとどめられていることは、単に地方分権改革ということだけでなく、都市計画の本来的な性質に照らして、旧・都市計画法が都市計画の決定は国が行うとしていたこと、新・都市計画法も制定時には国の決定権限は廃止したものの旧・都市計画法の残滓が見受けられたこととの対比で、至極妥当なことである。他方、これまで行われた国の役割の縮小は、権限の委譲という形が主であって、条例との関係での法律の守備範囲の縮小によるものでないことに対して、厳しい批判も存在する。

復習問題

Q 都道府県が決定する都市計画はどのようなものですか。

Q 市町村が決定する都市計画は、都道府県はどのような関わりを持ちますか。

Q 国は、都市計画にどのような関与を行いますか。

COLUMN⑲

「一昔前の国の指導」

　一昔前まで、建設省都市計画課においては、国の担当者と地方の担当者が、机を挟んで、都市計画の図面を広げてやり取りをしている姿がよく見られた。都市計画決定に必要な認可をめぐるものである。認可であるから、権限をバックにした上下関係のやり取りを想像されるかも知れないが、筆者には、もう少しソフトな指導といったものに見えた。

　新・都市計画法により、国から地方に権限が移譲されたが、それぞれの力量や関心が直ぐには変わるわけではない。国にとっては、今まで培った知見・経験を地方に伝えたいと思うであろうし、地方も間違いのないようにするために国に頼るということであったであろう。それによって、そこはかとなく、都市計画に関する全国レベルの相場観が出来上がっていった。しかしながら、全国レベルの相場観よりも地域の特性が重要視される時代になれば、認可やそれを背景にした指導も変わらざるを得ない。それが、今の状況である。

　そうはいっても、以前でも、国だけが一方的に発信していたわけでもなく、控えめではあっても、地方からも発信はされていた。意欲がある市町村が、これはやりたいと思ったことで、国が体を張って阻止するといったことは、分権改革以前からなかったはずである。国と地方との間の対

話といったものが、立法政策の参考にもなっていたのも事実である。過剰な指導・関与は厳に慎むべきだが、国レベルでも、地域の実情を受け止める別の知恵・工夫がないと、頭でっかちな法律ばかりにならないか心配である。

基礎編

第5章

都市計画の決定手続
［住民の意向反映等］

> **Point**
> ▶ 都市計画は、住民の意向反映などの手続を経て決めなければならない。
> ▶ 適正さが、内容ばかりでなく、手続にも求められるのが都市計画の特徴である。

　都市計画は、日常生活や経済活動の基盤である空間のあり様や土地に係る権利・義務に広く深く関わるものであるので、そこに生活・活動の本拠をおく者や権利者との利害の調整をどう行うか、あるいは彼らの意見をどう反映させるかが、死活的に重要な意味を持っている。都市計画の手続は、まさにこれに応えるものである。都市計画にあっては、内容の妥当性の確保と同じくらいに、あるいはそれ以上に、それがどのように住民の意向反映などの手続を経て決められたのかということが重要である。難しく言えば、手続的な正当性が確保されていることが求められる。

あらまし

　実定都市計画法では、各段階毎に、概略、次のような手続が定められている。このような手続は、都道府県決定でも市町村決定でも、基本的には同じである。

現況調査	基礎調査
案の作成	市町村による都道府県決定都市計画への案の申し出 公聴会の開催等住民の意見反映のための措置 地区計画に係る利害関係者の意見聴取 土地所有者等による計画提案
意見聴取	案の公衆縦覧・意見書提出　都市計画審議会（都道府県必置、市町村任意）への付議
案の確定	公告・縦覧

以上のほか、必要な手続としては、都道府県決定にあっては国との協議、関係市町村の意見聴取、市町村決定にあっては都道府県との協議などがある。

　案の作成や意見聴取に関しては、実定都市計画法において、法律の規定に反しない範囲で、条例で手続を付加できる。

　フローチャートで示せば図18のようになる。

図18　都市計画手続（市町村決定の場合）

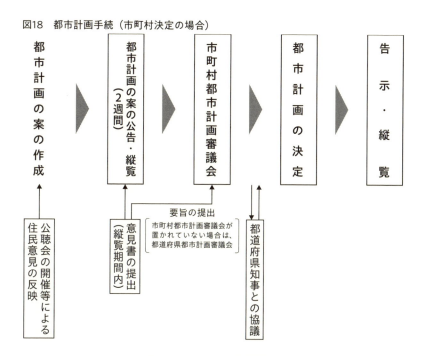

環境影響評価手続との関係

　事業実施にあたって、それが環境にどのように影響を与えるかの環境影響評価の重要性は論を待たないところであり、都市計画に基づくものであっても同様である。

　環境影響評価法では、都市計画に基づく事業について特例を設けている。具体には、都市計画決定権者が事業者に代わって評価手続を行うことと、その手続を都市計画手続と同時並行で行うことである。このよう

な仕組みは、事業実施に対する都市計画の拘束性・自立性を確保しようとするものである。

具体の流れ

都市計画の手続は、前章までで述べた実体的な内容と並んで、極めて大切なものである。以下では、運用も含めて、どのような流れで、どのようにして都市計画が定められていくのかを見てみる。

都市計画の段階を時間的な流れで分ければ、標準的には次のようなことである。標準的にはというのは、都市計画の種類によって違いはあると思われるので、ここでは、用途地域を念頭において説明する。

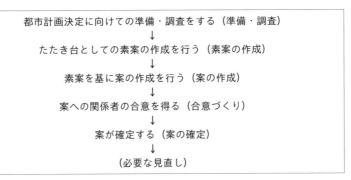

準備・調査段階

準備・調査というのは、都市計画の決定にあたって、その妥当性を確保するため、現状及び将来見通しに関する客観的データや資料を収集・分析するとともに、決定を円滑に行うため必要な準備をすることである。

都市計画が妥当性・合理性を有するためには、都市の現状・将来の見通しに関し、客観的なデータ等の裏付けを持って定めるべきである。このような裏付けデータは、社会的、経済的、環境的など様々な側面から収集・分析を行うことが必要である。最も基礎的なことでは、人口・産業の動向の把握がある。都市を器に例えれば、その器の大きさやその中身のあり様を左右するのは、人口・産業の動向である。用途地域にあっ

ては、その他にも、建築物の立地状況の把握も重要である。都市計画は、建築物に対する規制を伴うものであるので、現状と仮に導入しようとする規制の水準とがどれだけの乖離があるのかを把握しておくことは、規制の合理性の検討に不可欠である。

　このような調査は、現状だけでなく、将来の見通しをも把握するものでなければならないことに注意を要する。一般に、都市計画は、20年程度先を見通すべきものである。中途で必要な見直しは行われるにしても、都市計画は、約20年の間は通用するものでなければならない。現状の把握にそれほどの困難はないであろうが、この将来をどう見通すかがカギとなる。見通しといっても、単なる予測で良いのか、目標を含んだものとすべきか、判断が必要となる。計画という以上、目標を掲げるべきは当然である一方で、事実の裏付けのない見通しは絵空事でもあるので、目標を掲げるにしても、少なくとも、裏付けのある予測に基づく目標であるべきである。

　このようなことから、実定都市計画法は、基礎調査として、その内容を定めている。具体には、都道府県は、5年毎に、定められた項目の調査を行わなければならない。調査項目は、人口規模、産業分類別就業人口の規模、市街地の面積、土地利用、交通量、土地の自然的環境などである。このような調査は、都道府県独自の調査だけでなく、既存の調査統計も活用しながら行われる。調査結果は、市町村にも通知されることになっている。勿論、市町村は、それ以外の独自の調査を行うことも可能である。

　人口・産業の動向の把握と同じように、環境的側面に関する調査も大切である。都市計画によって空間の改変を行うにせよ、その保全をするにせよ、自然的・地形的条件がどうなっているかや都市計画がそれに与える影響の把握は不可欠である。既に述べたように、事業に関する都市計画に係る調査の多くは、環境影響評価法の規定にも従わなければならない。

　調査と並んで、具体の都市計画の前提として大切なことがある。住民

の都市計画に対する理解や自分が暮らす街への関心を普段から醸成することである。このようなことがない限り、いくら素晴らしい案を作っても、住民の納得を得ることは難しい。地方公共団体は、事を決める時だけでなく、日常的に、住民向け広報、パンフレットの作成、インターネットの活用などを通じて、理解・関心を高めるための努力が必要である。基礎調査の結果も、できるだけ公開することが望ましい。

最近、一部の市町村において、ワークショップの開催、地区別協議会の設置などの先進的な取組みも行われてきている。実定都市計画法が、住民の責務として、都市計画への協力を挙げ、さらにそれに対応して、2000年改正において、住民への都市計画に関する知識の普及・情報の提供を規定したのも、同様の趣旨に出たものである。住民参加を実のあるものにするためには、地方公共団体の普段からの取組みが大切である。

素案の作成段階

素案とは、複数の代替案も含め、案の作成のための検討に供されるべきたたき台となるものである。ここからが、具体の都市計画の決定に至るプロセスである。

素案の具体のイメージは、例えば、用途地域でいえば、相当程度のまとまりのある地域を対象として、13種類の用途地域の各区分や各区分毎の容積率・建ぺい率の設定の方針などを示したものである。この方針は、それが地域の場所、場所にどのようにあてはめられるのかがおよそのことがわかるようなものでなければならない。当然ながら、素案は、前段階の準備・調査を踏まえて作成されなければならない。

通常、案とは別に、このような素案が外部に明らかになることは、後述の計画提案制度を除けば、おそらくそうはないであろう。他方、決定主体は、内部検討用にはこのような素案を作成していることは多いはずである。ここで、案とは別に、素案の作成を一つの段階として示しているのは、住民・利害関係者の意見の反映の実を挙げるためには、案の作成よりも前の比較的早い段階で、骨格的なものを示し、段階的に合意形成を図っていくことがより望ましいということである。つまり、案の作

成段階だと、固まったものというイメージが強く、どうしても意見が言いたくても言いづらいという心理が住民・利害関係者に働き易い。決定主体においても、案の作成段階だと、決定スケジュールが先行し、意見の反映を疎かにしがちとなる。

　現在義務付けられていない公聴会・説明会を開催して住民の意見を聞くということであれば、案という形よりも素案の形で示して意見を聞くことが、その場によりふさわしいということができる。今後、公聴会等の開催が原則になれば、全体のプロセスの中で独立したものとして、素案の作成という段階が位置付けられることにもつながるであろう。さらに進んで、素案は、一つの案であるよりも、それぞれのメリット・デメリットを示した上での複数の代替案という形である方が、より住民等の意見の反映ということでは好ましいといえる。

　計画提案制度は、案と素案とを区別することを前提とした上で、素案の作成を土地所有者等に委ねたということで、大きな意義を有している。2002年改正で創設された計画提案制度は、土地所有者等が、対象区域内の土地所有者等の2／3以上の同意を得て、素案を添えて、都市計画の決定・変更の提案をすることができるとするものである。提案に対しては決定権者に広い意味での応答義務が課されているので、都市計画の案の作成に広く住民参加の途を開いた意義には大きなものがある。このような画期的な仕組みではあるが、素案の内容として相当程度詳しいものが求められることもあって、一部の事業者によるものを除いて、一般住民によるものはほとんど実例がないのが実態である。

　このような実態を見ると、土地所有者等による素案の提案を促すような努力は並行して行うにしても、決定主体自らが素案を作成して、住民等の意見を積極的に引き出し、それを都市計画に反映させることが必要と言わざるを得ない。すべての都市計画とはいわないまでも、用途地域のような重要な都市計画にあっては、公聴会等の開催と併せ、素案の作成という段階を条例化することもあり得る。

案の作成段階

　案とは、実定都市計画法による手続に供されるべきもののことである。実定都市計画法が具体のプロセスとして想定しているのは、基本的には案の作成段階からである。

　案は、それがそのまま具体の都市計画の決定・変更の内容となりうるものである。素案の作成という段階を踏んでいるのであれば、素案の内容及びそれに対する住民等の意見を基に案が作成されることになる。用途地域でいえば、即地的に13種類の用途地域の各区分が表示され、各区分毎（あるいはその細区分毎）に容積率・建ぺい率の数値が明示されたものである。

　実定都市計画法は、案の作成に関し、次のような規定をおいている。
ア　都道府県が定める都市計画の案の作成に係る関係市町村の内容となるべき事項の申出
イ　案の作成にあたっての公聴会の開催等住民の意見反映のための措置
ウ　地区計画の案の作成に関する土地所有者等の意見聴取等

　アの関係市町村の申出は、2000年改正で設けられたものである。それまでも、都道府県が都市計画を決める際は、関係市町村からの提案を受けることがほとんどであったろうと思われるが、この規定は、関係市町村の役割を明確化し、作成プロセスの透明化を図るものである。勿論、関係市町村は申出をしなくてもかまわない。このような趣旨からすると、ここに規定する以外の行政主体間で決定主体の判断を縛るプロセスを踏むことは適当でないことになる。例えば、比較的早い段階で、協議先である国又は都道府県が、決定主体に対し案の提出を求めるようなことである。分権改革前においては、一部で、これに近いことが行われていたが、今ではそのようなことは行われていないであろうし、適当でもないことになる。イ・ウに関しては、次の段階の合意づくりで述べる。

　以上のような規定を除けば、案の作成は、基本的には行政内部の自律的な作業である。行政一般に関しては、手続の透明性の確保、説明責任の遂行が強く求められる時代である。都市計画にあっても、行政の一部

を成すものとして、特段の規定がない限り、情報公開条例などが適用されるのは当然である。

合意づくり

　合意づくりとは、素案あるいは案の作成に向けた住民・利害関係者の意見反映のための取組みのことをいっている。便宜上、素案や案があって初めて、この段階に至ることから、案の作成の段階の次のプロセスに位置付けてはいるが、素案の作成あるいは案の作成と並行して行われるものである。

　合意づくりは、要は、都市計画への住民参加のプロセスである。都市計画が住民・土地所有者等の利害関係者に広く、強い影響を与えるものであることからすると、こうしたプロセスは必須である。しかも、形式に流れることなく、実質においてそれが遂行されることが肝要である。その点こそが、あまた存在する行政計画の中で、都市計画を特徴付けるものである。

　合意づくりの核心は、公聴会・説明会である。現在は、これらの開催は義務付けられてはいない。住民・利害関係者との調整・意見反映という観点から、別途案の縦覧手続が義務付けられていることによるものである。縦覧手続だけでは、都市計画の素人である住民等の意見を引き出すのには十分とはいえない。都市計画への住民参加を促すということからすれば、実定都市計画法の規定はともかくも、公聴会等は欠くべからざるプロセスというべきである。実態上も、都市計画の決定・変更にあたって、軽微なものを除いて公聴会等を開催することは定着してきている。

　一般に、公聴会と説明会の違いは、前者は意見陳述の機会が付与されたもの、後者は、意見陳述の機会はなく一方的に内容の説明を行うものとされている。どちらの場合であっても、それが実のあるものとなるためには、その場での決定主体と住民等との議論を保障するものでなければならない。そうであれば、両者に大きな差異はないといえる。公聴会等は、地区別のまちづくり協議会といった組織があるのであれば、そうした組織を活用することもあり得る。

基礎編　5章

地区計画については特別の手続が規定されている。土地所有者等の意見を求めて作成すべきこと及び土地所有者等は計画の案の内容となるべき事項を申出することができることである。具体の実施方法などは条例で定めることになっている。これらはいずれも、地区計画が最も住民に近い計画であることから、他の都市計画にも増して住民参加が求められることによるものである。申出は、2000年改正において、案の作成に関する意見聴取に加えて、規定されたものである。意見聴取に関する条例内容の実態が、案の縦覧手続とほとんど同じで、実質上の意味が問われる状況にあったので、この追加の意義は大きい。条例化により、この申出の仕組みの活用が望まれる。

　条例化ということでは、公聴会の開催も、運用上の取扱いというのではなく、原則的な開催を義務化することも考えて良いであろう。その場合、地区計画の関係の委任条例と一体化することもあり得る。

　ちなみに、こうした合意づくりに向けた手続は、旧・都市計画法には全く規定されず、新・都市計画法において初めて導入されたものである。

案の確定段階

　案の確定段階とは、確定に向けての実定都市計画法が定める手続の履行のことである。

　実定都市計画法が多くを規定しているのは、この段階での手続である。具体的には、次のようなものである。これらの手続を経ない決定は、瑕疵のあるものとなる。

ア　案の公告・縦覧と住民・利害関係者の意見書の提出
イ　都市計画審議会への案の付議
ウ　都道府県が定める都市計画にあっては国土交通大臣へ、市町村が定める都市計画にあっては都道府県への必要な協議
エ　他の行政機関との調整
オ　都市計画の決定の告示と関係図書等の縦覧

　アの案の縦覧・意見書の提出の手続については、合意づくりの一つでもある。住民等の意見の反映ということでは、公聴会等の開催が実質的

な意味が大きく、縦覧等は、重要なものではあるが、最終的なものであるので、案の確定段階の一つとしている。縦覧に際しては、2000年改正により、決定しようとする案に加えて、その理由書の添付が義務付けられた。決定主体の説明責任の一層の明確化を図るためである。理由書においては、決めようとする都市計画の必要性、区域設定等の妥当性についてできるだけわかり易く説明すべきとされる。さらに、決めようとする都市計画の都市の将来像における位置付けも説明することが望ましいとされる。

イの都市計画の決定にあたって都市計画審議会の議を経なければならないとしているのは、その合理性・妥当性を確保するためには、住民等も含め、様々な利害の調整を図るとともに、公正かつ専門的な第三者の意見を踏まえることが重要ということである。都市計画の内容の妥当性は、専門・技術的な知見の如何にかかっていることも多い。議を経るとは、単に審議会に諮るということではなく、その同意を得るということである。この議を経ない決定は、瑕疵のあるものであり、無効又は取り消し得るものとされる。この議を経る際には、縦覧で提出された意見書の要旨を提出しなければならない。この要旨は、審議会での審議の重要な判断資料となるものである。要旨の提出がなく行われた決定は瑕疵があるものとされる。審議会において、案の修正が議決された場合は、再度縦覧等の一連の手続が必要である。

都市計画審議会は、審議会には、専門的知見を発揮すること、決定にあたっての利害調整といったことが求められることから、学識経験者、関係行政機関の職員、議会議員などで構成される。審議会の構成員に議会議員が入っていることに関しては、都市計画の決定を議会の議決事項としていないことに対する代替的措置とする考え方がある。代替措置かどうかはともかくも、都市計画の決定は立法行為にも近いところがあり、欧米諸国では、議会の議決事項とするのが一般的であることから、我が国でも議決事項とすべきとの意見は根強い。

ウの都道府県と国土交通大臣との協議あるいは市町村と都道府県との

協議は、それぞれ協議の観点が規定されている。都道府県と国土交通大臣との協議でいえば、国の利害との調整を図る観点である。このような協議を通じて、協議先である国土交通大臣あるいは都道府県が、協議を受けた内容と異なる判断を示す場合には、明確な理由を示す必要がある。他方、協議元の都道府県あるいは市町村は、異なる判断を真摯に検討し対応の考え方を明らかにしなければならない。国土交通大臣との協議に関しては、法律上同意が条件とされており、同意を得ない決定には瑕疵が生じる。これに対し、市町村と都道府県との協議に関しては、同意が条件とされていないので、それがなくても当然に瑕疵があるということにはならないであろう。

エに関しては、都市計画の内容に応じて、いくつかの行政機関との協議が必要となる。さらに、法律で求められる協議のほか、運用上協議が必要となっているものもあるので、注意が必要である。この中で最も重要なのは、農林水産関係部局との協議である。用途地域では、法律上は求められていないが、この協議が必要とされ、この協議が整えば、用途地域が定められた区域は、農地法による転用制限に関し、実質的に市街化区域と同様の扱いとなる。

決定の告示があると、その日から、その都市計画は効力を発することになる。逆に言えば、告示がなければ、効力を有しないということである。告示に併せて行う縦覧（決定に際しての案の縦覧に対し、これを「長期縦覧」と呼ぶ。）は、その都市計画が効力を有している間は、継続していることが必要である。

必要な見直し

都市計画は、社会経済状況の変化に対応して変更されるべきものである。こうしたことから、実定都市計画法は、基礎調査の結果等に基づき必要な見直しを行うべき旨を定めている。実態的にも、例えば、線引きにおいて、定期的な見直しによって、都市化の進展に対応した市街化区

域の拡大が行われてきた。用途地域においても、土地価格の上昇等に応じて高度利用の要請が高まれば、用途・容積率の見直しも行われてきたところである。

　取扱いが難しいのは、道路、公園等事業に関する既存の都市計画の見直しである。特に計画決定後長期にわたって事業に着手していない施設の取扱いが問題となる。過去においては、事業化の可能性よりも、あるべき計画を追求することを優先して計画決定が行われていたきらいがあることも事実である。この見直しについては、事業化に一定の期間を要することは当然でもあるので、時間の経過だけで画一的に変更・廃止がなされることは、都市計画の安定性・継続性を害し適切でなく、慎重な検討が必要とされる。他方で、一旦決定したものの変更・廃止に過度に慎重になることも避けなければならない。あるべき計画も都市をめぐる状況の変化の中で変わり得るものである。全体的な計画の中で、個々の既存の計画の存続の必要性については常に検証が必要である。

復習問題

Q 都市計画の決定に関する手続はどのようになっていますか。必須手続と任意手続に分けて答えてください。

Q 都市計画の決定に関し、関係住民が意見を反映させたい場合に、どのようなことができますか。

Q 都市計画審議会は、どのような役割を果たすものですか。

Q 地区計画の決定に際し、他の都市計画でも必要な手続に加えて、どのような手続が必要となりますか。

Q 都市計画の決定に関する手続を条例で定めることはできますか。

COLUMN⑳

「都市計画は完全無欠？」

　勿論、答えはノーである。ある時期まで、筆者は、都市計画の完全無欠を言い張っていた。不遜にも、都市計画を神にも擬えていた。100％本気で言っていたというより、それをいえば、当時の激しい省庁間の縄張り争いを凌げるからということではあったが。

　この主張の根拠は次のようなことである。都市計画において、何が正しいかの一つの正解はないか、あるいはそれを見出すのは難しい。その中で、一つの正しい答えを導き出すのは手続である。その手続を都市計画は持っている。こうした手続を経た都市計画決定権者の決定は絶対である。その点で、都市計画は他のどの制度より優れている。このように言えば、大抵の反撃は突き返すことができた。

　今や、そのようなことに安住しているわけにはいかないであろう。他の行政分野でも手続の整備は進んでいる。何より、人々の価値観が多様化し、利害も複雑にからむような時代である。手続は、より丁寧なものでなければならないはずである。決められた手続をただ踏めば良いという、ありきたりのものであってはならない。手続がきちんとしていないと、そこで出された答えが、人々の信頼を勝ち取ることはできない。

　筆者の主張を知っていたある先輩が、その後都市計画の仕事に携わるようになって、「都市計画の神様は、ボロボ

ロの神様であった」と述懐していた。ボロボロとは何であるのか。嚙みしめるべき言葉である。

応用・理論編

第 6 章

現下の都市計画上の諸課題への対処

入門書ということであれば、第5章までの内容でほぼ尽きている。本章以下では、ここまでの基礎的知識を前提に、その応用・理論編ともいうべきものとして、いくつかのテーマを取り上げたい。

　都市計画法は、「良好な市街地の形成」や「無秩序な市街化の防止」といった、都市計画でなければ扱えないような固有の課題に応えるものでなければならない。序章の冒頭で紹介したような話は、まさに都市計画法が立ち向かわなければならない永遠のテーマである。それと同時に、時々に社会全体が直面する課題の解決に役に立つものであることも求められる。本章では、敢えて都市計画だけでは解決が難しそうな課題を取り上げて、都市計画法ないしは都市計画が、そのような課題の解決にどう立ち向かい、悪戦苦闘しているか、その一端を紹介してみたい。

　これは、都市計画法ないしは都市計画の有用性を誇示しようとするわけではなく、むしろ、都市計画法ないしは都市計画の現在の実力とその限界を示そうとするものである。

中心市街地の機能の回復

問題認識

　30年以上前から、特に地方の中小都市において、中心市街地の停滞あるいは衰退の状況が顕著に見られるようになった。中心市街地は、長い

歴史の中で培われた「街の顔」である。このような「街の顔」の停滞・衰退は、その街のアイデンティティの危機ともいえるものである。これをどう捉え、これにどう立ち向かうかは、今後の都市計画の大きなテーマである。

停滞・衰退の原因を探れば、中心市街地の大きな構成要素である商店街に対する消費者ニーズの変化、個々の商店の後継者不足など、都市計画で背負うことのできない部分があることも事実である。他方、都市計画においても、高度成長期を通じて、市街地の外延的拡大への対応ばかりに目を奪われ、街のなかへの関心が相対的に薄かったこと、移動手段が鉄道から自動車にシフトする中で、外から中心市街地への交通アクセスや中心市街地内部での移動への対応など、反省すべき点も多い。そうした様々な要因が絡み合う中で、中心市街地が魅力を失い、交流人口も含めた人口減少に直面する、それが現在の中心市街地の実情である。

都市は中心市街地だけで成り立っているわけではない。中心市街地の機能をどう回復していくかは、その都市のあるべき姿をどう考えるかということそのものである。極端な立場として、中心市街地は時代遅れであるので、その機能回復は諦めて、それ以外の所に新たな拠点を作るといったことも、一つの選択である。中心市街地をどうするかは、行政だけでなく、住民一人一人の選択にもかかっている。住居地をどう選ぶか、日々の消費行動をどうするかにも関わることである。

都市計画上の対応

まずは、中心市街地の政策的位置付けがしっかりとなされなければならない。中心市街地は、商業・業務は勿論、文化、行政、医療、娯楽など各種の機能が集積し、居住者や来訪者の多様なニーズに応えてきた場所である。それが魅力を失ってきたからといって、それを簡単に捨て去って、別の新たな拠点を作るというのは、都市が成長する時代であればともかくも、安定・成熟の段階に入った現在、とても現実的とは思え

ない。中心市街地でなければ担えない役割・機能があるという前提で、そのストックを活かすという位置付けが必要である。他方で、経済が大きく伸びていた時代には、立地施設が商業・業務に偏っていたことも否定できない。本来中心市街地の特色は、多様な機能の混在にあるので、バランスのとれた機能の導入がなされるべきである。特に、人が住むということが、基本となるので、住機能の充実が不可欠である。

さらに、都市というパイの拡大が期待できない状況下では、成り行きに任せて中心市街地への集約化が進むわけではないので、どうしても郊外部との役割分担が必要になる。郊外部での開発抑制がどこまでできるかということとは、切っても切り離せない。

具体には、次のような方策が想定される。

ア 「どこで」、「なぜ」、「何を」などを内容とする、中心市街地戦略を市町村マスタープランに位置付ける。

イ 中心市街地内の居住人口の増加を図るため、用途地域の見直しを行うとともに、住宅に特化したきめ細かい規制・誘導のための用途別容積型地区計画、特別用途地区、街並み誘導型地区計画などを活用する。

ウ 中心市街地の魅力を高めるため、地区計画等を活用して、賑わいや回遊性を勘案した歩行者ネットワークを整備する。

エ 中心市街地へのアクセスの向上のため、公共交通機関、自動車等の多様な移動手段が使えるよう、街路、駐車場等の整備を行う。

オ 空き店舗等を活用しながら、多様な生活サービスの提供が可能となるよう、複合用途の視点を入れた地区計画等の活用を行う。

カ 郊外部で商業開発や住宅地開発が無計画・無秩序に行われないよう、線引き、特定用途制限地域、地区計画、風致地区、開発許可制度等の的確な活用・運用を行う。

対応の限界

　後述の「都市内の自然的環境の保全・創出」と並んで、都市計画上の方策は多様に用意されている。それにもかかわらず、その成果は、都市によって大きく異なるものである。成果といっても、それを挙げている都市はそんなには多くはないが、そのほとんどは人口数十万以上の都市である。2000年以降、全国の中小都市の多くで、計画に基づいて総合的な対策に精力的に取り組んできた結果がこれである。このことは、市町村の都市計画の力量というよりも、小規模な都市においては、中心市街地の衰退が抜き差しならない状況になっていることを示すものであろう。置かれている客観的状況が、対策でどうなるという域を超えていると言っても良い。とはいえ、そのような客観的状況を作り出した要因の重要な部分は、厳しい見方にはなるが、住民の街への愛着・誇りの持ち様と普段からの生活態度である。それが悪いと言っているわけではなく、極端に言えば、少々価格が高くても、品揃えが悪くても、不便でも、地域のアイデンティティを大切にして商店街を利用するかどうかである。生活者としての態度と地域への愛着・誇りが問われているということである。

　そのように考えると、解決の糸口は、「街の顔」をめぐる市民・関係者の徹底した討議とそれを通じた合意づくりにしかないであろう。そのような中から導き出される結論は、そうでないものよりも、実効性は高いのではないか。

産業構造の転換への対応

問題認識

　都市は、集中する人口の受け皿であると同時に、産業が立地する場所でもある。都市の利便性を求めて産業が集まり、その産業が都市の経済的基盤となり、人々の暮らしも支えるのである。そうしたことは、高度成長期を通じて、全国多くの都市で見られた現象である。

　工場等が都市内に個別に立地することもあったし、都市計画において、工業団地という受け皿を整備し、そこに集団的に工場等が進出することもあった。

　高度成長期以降の国際的な競争環境の変化は、工場等の海外展開・廃業等を通じて、都市内の産業の空洞化をもたらした。この影響は、直接的には、工場等跡地の発生であり、さらには、地域経済の規模の縮小、地元雇用の減少等により経済基盤にも深刻な打撃を与えている。これは、我が国の産業政策全般に関わることであるので、都市計画でできることは限られてはいる。とはいえ、都市計画が、都市活動の活発化をも目的とするものであるとすれば、対応すべき都市計画上のテーマではある。

　転出した産業に代わる新たな産業の誘致あるいは残った産業の転出を防ぐための受け皿となりうる基盤をどう整備するか、発生した跡地をどのような機能の空間に転換していくのかなどに取り組まなければならない。産業構造の転換は、今や語られることの少ない、旧聞に属することではある。転換自体は既に終了したことかも知れないが、それに伴う、ここで述べるような都市計画上の課題への取組みは、未だ進行中のものである。

都市計画上の対応

　発生した工場等の跡地の土地利用転換を計画的に進めるためには、跡地が発生した地区の特性や土地利用転換需要の大きさなどを十分見極める必要がある。計画的に開発された工場用地なのかどうか、大都市であるのか地方都市であるのかなどである。こうした違いが、都市計画の手法にも影響を与える。

　転出あるいは縮小した産業に代わる新たな産業の誘致ということでは、産業の動向を見極めるのは当然として、そのような産業で働く者のニーズの把握が重要である。一般には、新たな産業として、研究・開発、情報・通信、デザイン・文化に関連するものが想定できるが、これら産業やそこで働く者と従来の製造業中心の産業におけるそれとでは、求める都市機能や基盤施設に大きな違いがあるであろう。都市計画はそれを反映したものでなければならない。

　具体には、次のような方策が想定される。

ア　都市計画マスタープランに、工場跡地等の大規模遊休地の土地利用転換に関する基本方針を位置付ける。

イ　土地利用転換のためのプロジェクトを促進するため、基盤整備と規制緩和とを一体的に行う、地区計画における再開発等促進区を活用する。

ウ　土地利用転換に時間を要する場合には、望ましくない施設の立地を防止するため、あらかじめ、用途地域の見直し、特別用途地区の指定などを行う。

エ　新たな都市型産業の受け皿とするため、工業専用地域など立地の障害となるような既存の計画の見直しを行う。

オ　魅力ある産業環境の創出のため、用途別容積型地区計画、高層住居誘導地区などの活用により、職住近接型住宅、子育て支援施設等の立地を誘導する。

対応の限界

　跡地等の土地利用の転換は、そのための再開発地区計画のような仕組みが創設され、その他にも活用可能な制度が多々あるので、順調といえば順調に進んできたといって良いであろう。他方で、このような土地利用転換が新たな産業の受け皿になったかといえば、東京を除けば、否定的にならざるを得ない。安易に、マンションや商業施設の用地として使われるに至っただけだとの評価もできる。都市を器に例えれば、土地利用転換を果たして器の形は整ったが、新たな産業の受け皿になってはいないという意味で、その中身が備わらないということである。

　都市計画は、空間に関わるものであるので、その限りでは、言わば「器」の形が整えば、それで役割を果たしたということもできなくもない。ここで問われるのは、器の中身、ここでいえば産業のあり様に、都市計画が無関心であって良いのかである。これまでは、用途規制という形での建築物の外形への関与を除けば、器の中身にほとんど関心を払ってこなかった。正確には、都市化の時代にあっては、中身に都市計画が殊更関心を振り向けなくても、器の形を整えれば自ずと中身は備わってきたということでもある。産業は、経済全体にとっても大切なものであると同時に、都市の魅力を引き出し、人々の暮らしを豊かにするためになくてはならないものでもある。器の形を整えても、その中身が当然に備わるという時代ではなくなっているのだとすれば、都市計画は、その中身をどうリニューアルあるいは入れ替えるかにも関心を振り向けなければならない。確かに、これからの産業の動向をどう見極めるかは都市計画だけでできることではない。だからといって、陳腐あるいは空疎な中身で満足して良いということにはならない。新たな産業の受け皿となり得るような器の形とはどんなものであるのか、本当に中身が見つからないのであれば、器をどのような状態にしておくべきなのか、これらが、社会から都市計画に突き付けられている。都市計画がこれまで標榜してきた総合性とは何であるのかということでもある。

都市内の自然的環境の保全・創出

> **問題認識**

　古くから、都市計画は、自然に人工的改変を加える歴史である。一方で、人々の暮らしは自然に支えられ、自然的環境を抜きには快適な生活を営むことが難しい。このことは、都市であろうと、農村であろうと変わるところはない。都市計画は、人工的改変を本質としながらも、自然的環境の保全・創出にも関わるものでなければならない所以は、そこにある。

　自然的環境は、都市においては、環境の保全、レクリエーション、防災、景観形成など多様な機能をもっている。加えて、近年、地球規模の環境問題への関心が高まる中で、二酸化炭素の吸収、ヒートアイランド現象の緩和、生物多様性の確保などの面からも、都市の自然的環境が注目を集めている。

　自然的環境は、一度損なわれれば元に戻すのは並大抵な努力ではなく、長い年月を要するものである。不断にそれが失われことのないよう保全に努め、さらにはこういった自然的環境を創出することは、後世への責任ともいえる。都市化が進展している中では、人工的改変に精力が注がれるのは致し方ないにしても、それが一定安定・成熟した段階にあっては、自然的環境の保全・創出は、新たな都市文化にならなければならない。

都市計画上の対応

　まずは、都市内の自然的環境の現況把握とその評価が重要である。自然的環境といっても、それを構成する要素は、緑、水、土など多様であり、また、公園のような人工物もあれば、樹林地のような自然物もあり、農地のようなものもある。それらを特性に応じて整理・分類した上で、環境保全、防災、レクリエーション、景観形成などの機能に着目して評価する必要がある。これがなければ、保全・創出の掛け声だけで実効はあがらないことになる。

　これまでの都市計画の中で、「緑」に関連した取組みは進んできているが、「水」や「土」といった要素を取り込むことは疎かにされがちであった。自然的環境への住民のニーズの高まりや環境負荷の低減・生物多様性の確保などの面からは、このような分野への取組みの強化は不可欠である。

　環境負荷の低減という観点からすると、自然的環境の保全・創出は、それだけで完結するものではなく、都市交通体系を含めて都市構造のあり方全体の中で位置付けることが必要である。例えば、コンパクトな都市の実現あるいはエネルギー消費の少ない交通体系の確立といったこととも深く関わっている。

　具体には、次のような方策が想定される。

ア　自然的環境の現況把握とその評価を踏まえ、都市計画マスタープランに、環境の保全、レクリエーション、防災、景観形成などの機能別に、そのおおむねの保全・創出の方針を定める。

イ　樹林地、水辺等環境の保全を図るため必要な自然的環境に関しては、特別緑地保全地区、風致地区などの活用を行う。

ウ　レクリエーション・防災機能の充実のため必要な場合には、都市施設としての公園、緑地などを都市計画決定し、その整備を行う。

エ　農地の保全に関しては、市街化調整区域への編入、生産緑地の指定などを行う。

オ　良好な景観形成を図る必要がある場合には、風致地区、緑化地域な

どの指定を行う。
　カ　水環境の改善を図るため必要な場合には、都市施設としての河川、下水道などを都市計画決定し、その整備を行う。

対応の限界

　「中心市街地の機能の回復」と同様に、都市計画上の方策は多様に用意されている。そのような方策の活用だけで、自然的環境の保全が十分に図れるかといえば、そうとばかりは言い切れない。つまり、保全といっても、単なる現状凍結だけでそれが達成できるわけではないことが多いということである。農地や公園等施設系緑地を考えればわかることではあるが、その適切な利用と管理があって初めて、その機能の保全が図られるということである。このことは、大なり小なり、他の自然的環境でも同様であろう。この適切な利用と管理は、公園等施設系緑地を除けば、全くとはいわないまでも、「作る」ことを主眼とする、これまでの都市計画ないしは都市計画法が、ほとんど視野に入れてこなかったことである。

　さらにいえば、これは「中心市街地の機能の回復」にも共通するが、このテーマが、今までの都市計画が必ずしも重きをおいてこなかった、文化、歴史、風土とかという価値に着目したものであることである。このような人間の精神にも関わるといっても良いような価値の実現に、本来的に物的な装置ともいえる都市計画がどこまでの貢献ができるかは、先の器とその中身との関係以上に、難しい問題ではある。それでも、人々と空間との関わりが、そのような領域にも及んできている以上、都市計画として避けては通れない。

まとめ

　本章で取り上げたテーマに限らず、都市計画上も問題意識を持ち、それなりの具体策はあるにはあっても、課題の解決につながるような成果を上げるにはなかなか至らないということは多い。他の行政分野との連携なしには、そもそもが成り立たないということもあるであろう。それでも、それを都市計画法とはそんなものだと思ってそこにとどまるのか、それを都市計画法の限界だと認識した上でその克服に挑戦するかでは、大きな違いである。都市計画ないしは都市計画法の力量が試される。

　実は、上述したような、都市計画ないしは都市計画法の限界ともいえる状況に、都市計画法は、何も手をこまねいているわけではない。都市計画法体系の一環である都市再生特別措置法及び景観法は、限界への挑戦ともいえるものである。これで十分とはしないが、重要な一歩であることは確かである。本章で取り上げた課題解決に係る具体の方策の中で、都市再生法や景観法に基づく方策を挙げなかったのは奇異に映ったかもしれないが、敢えてそうしたのは、両法の意義を強調したいがためである。両法は、第8章（「都市計画法の変化を捉える」）で詳述する。

COLUMN㉑

「街づくり三法」

　街づくり三法とは、当時の大店法の廃止に関連して行われた一連の法律の制定・改正のことをいう。今から、およそ30年近く前の話である。具体には、都市計画の観点からの大型店の立地規制を可能とする改正都市計画法、生活環境への影響などの面から大型店の出店チェックを行う大店立地法及び中心市街地の空洞化を食い止めるための中心市街地活性化法を指す。当時は、世の中から、大店法の廃止と併せ、大きな注目を集めていた。

　筆者も当時その渦中にいたが、大店法廃止の言い訳に、都合の良いように街づくりが使われているとの感は免れなかった。何しろ、当時の大店法は、国内的には経済的規制の原則自由・例外規制の方針があり、国際的にも需給調整的観点からの参入規制の撤廃が求められ、その廃止は避けて通れないことであった。一方で、その廃止によって影響を受ける中小小売業者への対策が、行政だけでなく、政治的にも急務であった。そこで出てきたのが街づくり三法である。街づくりや都市計画を真面目に考えてのこととは、どうしても思えなかった。都市計画の実力やそれを扱う市町村の力量への過大評価があるのではないかと、居心地の悪ささえ感じた。

　今真面目に考えれば、この問題は、消費者ニーズや事業者の意向を汲みとりながら、商業機能の確保と地域の歴

史・文化の保持とをどう両立させいくかを都市計画に突き付けているといえる。これまでのような緊急措置的対応だけで、どうなるものでもない。

応用・理論編

第7章

都市計画にまつわる理論上の諸問題

> 本章では、都市計画法を理解する上で不可欠と思われる、あるいはそれを支えているともいって良いような、学問上の議論の対象にもなる、いくつかの理論的なテーマを取り上げたい。

都市計画の法的性格

　都市計画は、講学上は行政計画の範疇とされる。行政計画とは、「行政主体が、目標を設定し、その目標を達成するための総合的な手段を提示するもの」とされる。行政立法（政令、省令、規則などをいう。）でもなければ、行政処分（特定の者に向けられた行政行為）でもない。先に述べた、都市計画の学問上の定義からしても、都市計画は行政計画そのものである。行政計画には、様々な性格のものがあるが、都市計画は、単に計画が掲げる目標の達成のための手段を提示するということにとどまらない。計画の実効性を高めるため、関係権利者に対し直接的な拘束力を有する、固有の実現手段を内在させていることを特色とする。

　行政計画は、一般的・抽象的に定められるもので特定の者に向けられたものではないという点では法規範に似ている。他方、都市計画のように、それが定められると権利義務になにがしかの変動を与えることになる点では、行政処分にも似通っている。行政計画と行政処分の中間的な性格を有するといえる。

　都市計画がこのような中間的な性格を有することによることから、一方で都市計画による不利益を主張する権利者の救済をどう考えるか、他方で計画決定プロセスをどう統制するかということが課題として浮かび上がる。後述の都市計画の争訟性や都市計画決定手続のあり方は、このような問題として捉えることができる。

都市計画の争訟性

都市計画の争訟性とは、つまるところ都市計画の違法性を主張してその取り消しを裁判で争えるかどうかである。更に厳密には、原告が裁判で争うにふさわしい利益を有するかどうかという原告適格の問題と、裁判で争える処分に該当するかどうかという処分性の問題とがある。ここでの問題は、主として処分性である。これは、都市計画法や行政事件訴訟法の解釈に関わっているが、権利者の救済にとって死活問題であるにとどまらず、都市計画にとっても極めて深刻に受け止めなければならないテーマである。このことは、勿論、都市計画の決定にあたって、争えるから慎重に判断すべきだとか、逆に、争えないからいい加減な判断でも良いといった単純なことをいっているわけではない。

結論的には、最高裁の数次にわたる判決によって、都市計画は争えないということが確定的な判例となっている。その理由として、都市計画は、権利者に対して具体的な権利の変動をもたらすものでないこと、何がしかの影響は与えるにしても、それは法令による場合のそれと同視すべきものであることなどが挙げられている。この前提には、都市計画それ自体は争えないとしても、都市計画の違法性を根拠にして、建築確認や開発許可などの個別処分を争うことによって、権利の救済に欠けるところはないということがある。現実に、近時このような訴訟も増加している。

都市計画サイドで、この判例をどう受け止めるかはいろんな意見はあるにしても、少なくとも、都市計画は、権利者の利害に重大な影響を与えるものであり、多数の者の利益とも関わるものであるとの認識は強くもつべきである。それに違法性があるとすれば由々しきことであり、また都市計画に続く建築確認などの時点で争うといっても、「今や遅し」の感は免れないということもはっきりしている。そうであればこそ、実定都市計画法は、計画内容の妥当性の確保に加え、一定の住民参加手続を求めているのである。このことを前提にすれば、都市計画サイドには、一つには、法律で求められる内容をより丁寧に適正に実施していくこと、

二つには、利害調整プロセスは、定められた手続に終わることなく実効あるものであることが要求されることになる。

争訟性を事後手続の問題として捉えると、実定都市計画法は、事前手続はある程度整えられているが、事後手続には欠ける所があると言わざるを得ない。それを是正するため、訴訟ができるか否かにかかわらず、できないからこそ、現在は認められていないが、行政不服申し立ての対象にすべきとの有力な主張がある。

ちなみに、訴訟の可否ということでは、最近、最高裁は、都市計画ではないが、土地区画整理事業の事業計画に関し、従来の判例を変更して、訴訟の対象となるとしたことは注目される。

今後の動向として、近時の行政事件訴訟法の改正において、当事者訴訟の例示として、「公法上の法律関係の確認の訴え」が追加されたことに注目しておきたい。これによれば、例えば、用途地域による制限を受けないことの確認の訴えが可能となる。

都市計画法と条例

都市計画の領域において、条例はどこまでの範囲で許されるのか、これは古くて新しいテーマである。都市計画法サイドにおいては、伝統的にその範囲を極めて限定的に解釈してきた。ところが、2000年地方自治法改正により、一般的には条例制定権の範囲が拡大したとされていること、さらには実態としてまちづくり条例の増加傾向が見られるということから、そのような下で、伝統的な解釈がそのまま維持できるのかが問われることになった。ちなみに、条例といっても、厳密には法令の委任に基づく委任条例と委任によらない自主条例があり、まちづくり条例の多くは後者である。

国の行政実務上は、「国民の財産権に対する強い制約を課すという都市計画法の趣旨・目的、全国的な公平性・平等性を確保すべきということなどの観点から、委任規定がある場合は格別、そうでない場合に、最

低限の規制又はその上限を定めている法律の規定と異なる内容の条例の制定は許されない」旨が基本的な考え方である。その上で、分権改革の流れは尊重すべきであると方針に立って、委任条例の対象事項やその範囲の拡大、手続の付加のための条例制定の法律上の認知などの対応が図られてきたというのが現状である。

条例制定が許されるかどうかの最もシビアなケースは、いわゆる規制の「上乗せ」や「横出し」である。このような場合において、上記の行政実務の考え方には一定の納得性はあるが、他方、「上乗せ」・「横出し」が、地域の実情に応じたものであることを前提にすれば、白か黒かでこれを決めつけるのもためらわれる。このジレンマを解決する方法があるとすれば、最終的には立法であろう。そうした意味で、上述した委任条例の拡大の流れは、評価すべきであるが、さらに進めて、個別具体的な委任ということではなく、一般的あるいは包括的な条例制定可能範囲の明示、これを委任というのかどうかはともかくも、そういったことも問題提起されており、検討には値する。

都市計画に係る事務の性格

都市計画に係る事務の性格に関しては、国と地方公共団体との相互の関係を把握する前提として、その理解は重要である。実定法においては、都市計画に係る事務は、基本的には地方公共団体で行われているので、こうした事務の性格を規定しているのは地方自治法である。地方自治法は、2000年地方分権推進一括法により大改正が行われた。

それによれば、地方公共団体の事務は、自治事務と法定受託事務の二つに区分される。法定受託事務は、国が本来果たすべき役割に係る事務とされ、自治事務は法定受託事務以外のものとされる。自治事務は、法令により義務付けられたものと、任意に行われるものとに区分される。国の関与との関係での自治事務と法定受託事務と違いは、後者は、代執行、是正指示など権力的な関与が認められるのに対し、前者は、助言・

勧告、是正の要求など原則的には非権力的な関与にとどめることとされていることである。

2000年地方自治法改正により、都市計画の決定等に関する事務は、基本的には自治事務とされた。これをそれ以前と対照させると、それ以前は、都道府県に係る都市計画の決定は、執行機関である都道府県知事の事務としての機関委任事務とされ、市町村に係る都市計画の決定事務は、市町村の団体委任事務とされてきた。前者に関して、事務の権限を都道府県ではなく都道府県知事としたのは、国の機関としての知事という位置付けであり、ここに、旧・都市計画法において国が都市計画を行っていたことの残滓が見られる。いずれにしても、機関委任事務も団体委任事務も、2000年の改正により廃止され、現在は自治事務に一本化された。

国の関与については、自治事務に関しては原則的に非権力的関与にとどめるとの基本的考え方ではあったが、都市計画の決定については、従前と同様の指示・代執行の規定が残されている。これは、都市計画の決定事務が自治事務の中でも法令上義務付けられたものであることや都市計画の内容如何で国の利害に重大な関係があり得るということへの実態的な配慮がなされたものであろう。こうしたこと以外では、国の関与は縮小され、例えば、一定の場合の国の認可や都道府県知事の承認は協議に代わり、その範囲も限定され、また、法の運用に関する通達はできなくなり、ガイドラインといったものに代わった。

都市計画と補償

憲法第29条第3項は、「私有財産は、正当な補償の下に、これを公共のために用いることができる。」と規定している。他方で、同条第2項では、「財産権の内容は、公共の福祉に適合するように、法律でこれを定める。」としている。補償の要否は、2項と3項との関係をどのように考えるかである。学問上、いろんな立場がある。ここでは、学問的な議論に立ち入るつもりはない。都市計画法が、この問題をどのように

扱っているかを述べることにする。都市計画の種類に応じて、次のような考え方が採られている。

　線引き・用途地域のような土地利用に関する都市計画に基づく規制に関しては、基本的には、良好な市街地の形成・保全を図るために合理的な制限の範囲内のものであり、補償は要しない。憲法第29条第2項の「法律でこれを定める。」という、この法律に都市計画法は該当するという立場である。ちなみに、実定都市計画法第2条は、「都市計画は、（略）適正な制限のもとに土地の合理的な利用が図られるべきことを基本理念として定めるものとする。」と規定している。補償の要否をめぐる裁判例はほとんどないが、少なくとも補償が不要であることを否定する判例は存在しない。

　土地利用に関する都市計画であっても、都市内で本来可能な土地利用に比し相当程度現状凍結的な厳しい制限を課す場合には、補償を要するとするのが都市計画法の考え方でもある。都市緑地法や古都における歴史的風土の保存に関する特別措置法においては、「不許可買取り」という損失補償機能を有する規定をおいている。

　事業に関する都市計画の実現手段である都市計画事業においては、その認可に伴って土地収用が行われれば、当然のことながら補償が必要である。これは、憲法第29条第3項の問題である。

　事業に関する都市計画に伴う、いわゆる計画制限は、しばしば裁判での争いの対象となる。計画制限とは、将来の事業の障害となる建築行為を制限するものである。木造2階建て以下の建築物であれば許可されるが、それ以外は原則として許可されないというものであり、不許可の時にも補償はされない。特に、計画決定されてから長期間にわたって事業が未着手である場合に、その妥当性が問題になる。判例は、事業の円滑な施行上の合理的な範囲の制限として妥当性を認めている。一方で、未着手の期間の長さなど個別具体の状況によっては、無補償での制限が合理性を欠く場合があるとの有力な指摘もある。

都市計画における「必要最小限規制原則」

　我が国の都市計画規制については、「必要最小限規制原則」が強く作用しているといわれる。「必要最小限規制原則」には二つの意味がある。一つには、規制目的において、積極目的ではなく消極目的でなければならないこと、二つには、規制対象において、目的と手段が必要最小限の関係でなければならないことの二つを意味している。ここでは、この原則が、憲法の要請から出てくるものなのか考えてみたい。

　具体には、憲法第29条第2項の規定の解釈と関係する。通説・判例は、第2項の「財産権の内容は、公共の福祉に適合するように、法律でこれを定める。」との規定に関し、経済的自由への制約については、精神的自由に比べて、かなり広い立法による裁量の余地があるとの立場である。一方、精神的自由については、第13条が「（略）生命、自由及び幸福追求に対する国民の権利については、公共の福祉に反しない限り、立法その他の国政の上で、最大の尊重を必要とする。」と規定していることとの関係で、立法による制約の余地は相当程度に狭いとされる。

　都市計画規制は、経済的自由の制約に属するものである。上記の通説・判例の立場を前提にすると、都市計画規制に関し、「必要最小限規制原則」は妥当しないことになる。つまり、立法による裁量が合理的な範囲内のものである限り、規制目的が消極的か積極的か、あるいは規制対象において目的と手段が必要最小限の関係にあるかどうかは問われないことになる。

　我が国の都市計画に作用する「必要最小限規制原則」が、憲法に由来するものでないとしたら、それが、どうして立法を制約する原理になっているのかが問われなければならない。学問的な議論はさておき、その根源を辿れば、我が国都市計画法の成り立ちに由来すると捉えることができる。簡単にいえば、その成り立ちが、国主導での「作る」ことを重点とするものであったということである。その克服は、都市計画法において公共性をどう捉えるかとも関わっている。

都市計画における公共性

　都市計画が公共の利益に関わるものであることは明らかである。それにもかかわらず、これがテーマとなるのは、どのような実体的内容を有する公共の利益なのかということである。学問上では、「大公共」、「小公共」、その中間に「中公共」といった概念を使って議論されている事柄である。

　学問上の厳密な議論は別として、普通には、都市計画は、その性格上、基本的には地域レベルの公共の利益を目指すものであることははっきりしている。問題は、都市計画法が、地域レベルの公共の利益を目指すにふさわしい内容となっているかである。言葉を変えれば、法やその運用が、地域レベルの公共の利益の実現を妨げるものとなっているのではないかということである。この点に関し、例えば、具体の都市計画の決定にあたって、過度に国家的あるいは広域的な観点からの介入がなされていること、計画・規制内容が地域の実情から遊離した全国画一的なものになっていることなどが指摘される。この背景には、旧・都市計画法においては国が都市計画を決定する権限を有していたこと、新・都市計画法において権限は国から地方公共団体に移ったが中途半端なものであったことなどがある。

　分権改革の流れの中での一連の対応、例えば都道府県から市町村への大幅な権限移譲、事務の性格の見直しなどによって、都市計画法が、今までよりは、地域レベルの公共の利益の実現を目指すにふさわしいものに改善はされてはいる。他方で、都市計画法が、それによって構造的に変容したかといえば、否定的にならざるを得ない。

　一つの答えとして学問上提起されているのが、「都市計画法制の枠組み法化」である。国法たる都市計画法は、建物に例えれば、スケルトンだけを定め、インフィルの内容は地域に委ねる仕組みであるべきであるとの考え方である。現在の都市計画法が、あまりにインフィルに立ち入り過ぎていることへの批判といえる。傾聴に値する提案である。

　このような枠組み法たる都市計画法は、都市計画が、地域の公共の利

益を中心としながらも、場合によっては地域を越える公共の利益にも関わっているものであることを認めないものではない。様々なレベルの公共の利益の間の調整の仕組みをも内包しなければならないのは当然である。

公共性に関しては、学問上、大公共か小公共かといった、主として地理的範囲に着目した捉え方とは別の角度からの把握が必要との指摘もある。即ち、これまでの都市計画法が、主として「作る」ことに関わる公共性を対象とするものであったが、この「作る」ことでは捉えきれない公共性をも射程とすべきということである。空き家・空き地に伴って発生している問題を見れば、この指摘も重要である。

都市計画と市場

都市計画は、有限な空間の利用に関する配分・調整のルールという性格を持っている。この面で、稀少な財の配分という市場の役割と重なるところがある。他方で、都市計画は行政計画であるので、その決定は非市場的なものである。非市場的決定であることは、空間の共同性、空間を構成する土地の財としての特殊性などから、一般には異論が差し挟まれることはない。

そこで問われるのは、非市場的決定である都市計画は、本当に市場的決定と無縁なものであって良いのかということである。言葉を換えれば、非市場的であることに徹することで、正しい決定が保障されているかということである。勿論何が正しいかは、その基準をどう設定するかにかかわっている。都市計画が空間の利用価値の最大化の障害となっているという批判は、市場を計る尺度である効率性を基準として採用した場合のものである。仮に、都市計画の正しさの基準として効率性があるのであれば、この批判は、都市計画が非市場的決定であることの限界あるいは市場的決定の要素を都市計画に採り入れるべきということを示すものである。

都市計画の正しさの基準とはどのようなものであるのかを明確に示すのは困難を伴う。少なくとも、その基準は一つのものではないということ、さらには多様な価値を的確に反映した都市計画を決定できるほどに決定権者は万能ではないということは指摘できる。そうであれば、冒頭で述べた都市計画の性格に照らすと、都市計画は市場の声にも真摯に耳を傾けるべきであるし、そのための仕組みづくりも必要ということになる。

　都市計画決定における住民等の意見反映手続は、市場のプレイヤーにも開かれたものであるので、その意味では、都市計画は既に市場的決定の要素も採り入れているとすることはできる。他方で、それにもかかわらず、時々に規制緩和を求める声となって現れる、市場の都市計画への不満が根強いことも事実である。このことは、一般的な住民等の意見反映手続だけでは、市場を満足させるには十分でないことを示している。計画提案制度、プロジェクト対応型都市計画などは、これに応えるものではあるが、加えてどのような取組み・仕組みが必要なのかは、今後の大きな課題である。

　さらに、市場というと、企業・事業者の役割に目が向きがちとなるが、一般の市場では消費者にあたる市民にも、市場という観点から新たに目を向ければ、都市計画法のあり方に関する別の見方も生じてくる。

COLUMN㉒

「区画整理と減歩」

　土地区画整理事業における「減歩」も、無補償であることが問題にされる。減歩とは、事業前の土地の権利に代えて事業後の土地の権利を与える際、通常、土地の面積が減ることをいう。判例は、健全な市街地の造成のため合理的な手法であるとして、無補償での減歩を認めている。減歩は、代表的な市街地整備手法である区画整理の本質をなす。法的にどうかということ以上に、事業段階で、減歩への地権者の理解は不可欠である。

　行政側にとって見れば、用地買収をせずに、公共施設の整備改善ができることが区画整理への大きな誘因となる。地権者側から見れば、減歩があったとしても、公共施設の整備改善や敷地の整形化などによって、利用価値が上がるというメリットがある。ある時期までは、一部の反対はともかくも、行政にとっても、地権者にとっても、魅力ある事業であったことは確かである。であるからこそ、震災復興・戦災復興でも活用され、代表的な手法になったのであろう。

　区画整理は、今曲がり角に来ているのであろう。地権者が期待するような価値上昇が見込めない中で事業への理解をどう得ていくか、建築物の機能を考えない土地のみの事業では街は変えられないのではないかといったことである。いずれも、区画整理にとっては、根本に関わることである。

区画整理はどこにいくのか。筆者は、役人の振り出しが区画整理の仕事であっただけに、気にはかかる。

応用・理論編

第8章

都市計画法の変化を捉える

都市計画法は、社会の変化にただ手をこまねいているわけではない。変貌を遂げつつあるといっても良いような注目すべき動きとして、本章では、都市再生特別措置法及び景観法の制定を取り上げる。注目すべきというのは、都市計画法の限界への挑戦という意図が読み取れることである。具体には、次のようなことである。

　一つには、両法に位置付けられている計画にあって、立地適正化計画や景観計画がそうであるが、実定都市計画法上の都市計画としては位置付けていないということである。実効性のある実現手段を備えているにもかかわらずである。もっとも、実定都市計画法上の定義に形式的には該当しないとの説明は可能であろうが。

　二つには、計画の実現手段として、権力的か非権力的かを問わず、規制、事業、資金支援、協定など多様なものが用意されているということである。実定都市計画法の都市計画の実現手段が、多少の例外はあるものの、一つの計画に対して一つの実現手段としているのと対照をなしている。

都市再生特別措置法の制定

本法のねらい

2002年に制定された都市再生特別措置法（都市再生法）は、過去の急

激な都市化に起因した20世紀の負の遺産の存在、さらには情報化、少子高齢化、国際化などの近年の社会経済情勢の変化への対応の遅れといった状況の中で、これまでのような都市の膨脹への対応に追われるのではなく、都市の中へと目を向け直し、国民の大多数が生活し、様々な経済活動が営まれている都市について、21世紀にふさわしい魅力と活力に満ち溢れたものへと再生を図ることをねらいとする。また、当時の経済情勢の下で、都市再生法は、経済構造改革の推進や土地の流動化を通じた不良債権問題の解決につながるものとの期待も担っていた。

都市再生法は、当初はどちらかといえば大都市を念頭におくものであったが、2004年の改正で、市町村等のまちづくりに対する国からの交付金制度が追加され、大都市だけでなく、地方都市をも念頭におくものとなった。その後も、数次にわたって改正され、内容を充実させている。

全体の仕組み

都市再生法は、主として大都市を対象とする都市再生緊急整備地域に関わる部分と全国の都市を対象とする都市再生整備計画及び立地適正化計画に関わる部分に大別できる。

この二つは、かなり性格が違っているので、同じ法律に規定することが果たして適当かの議論はある。

都市再生基本方針

都市再生緊急整備地域、都市再生整備計画及び立地適正化計画の前提として、内閣総理大臣が、閣議決定を経て、都市再生基本方針を定める。

その内容は、都市再生の意義・目標、都市再生緊急整備地域、都市再生整備計画及び立地適正化計画に関する基本的事項などである。

組織としては、内閣総理大臣を長として、すべての国務大臣で構成される都市再生本部がおかれる。

これでわかるように、都市再生は、内閣総理大臣の主導の下に、政府挙げて取り組むべき政策としての位置付けを与えられている。このよう

1．都市再生特別措置法の制定　211

な国を挙げての取組みは、震災復興・戦災復興以来であり、新・都市計画法の下では初めてである。

都市再生緊急整備地域

都市再生緊急整備区域とは、都市再生の拠点として、都市開発事業等を通じて緊急かつ重点的に整備すべき地域である。具体の地域は、政令で指定される。

この地域のうちで、都市の国際競争力の強化を図る上で特に有効な地域は、特定都市再生緊急整備地域とされる。これも、政令で指定される。都市の国際競争力の強化という、どちらかといえば、器の中身に着目した点で、意義は大きい。

このように、地域指定が出発点となるのは、本来地方公共団体が主導するべき都市計画を国が主導して取り組むことを正当化するためには、まずは対象地域を限定しなければならないという必要からきている。

このような地域の指定がなされると、都市再生基本方針に即して、各地域毎に地域整備方針が定められる。その内容は、目標、都市開発事業を通じて増進すべき機能に関する事項、必要な公共公益施設に関する事項などである。

組織としては、都市再生緊急整備地域毎に、国の行政機関及び地方公共団体の長で構成する協議会を設置することができる。

都市再生緊急整備地域は、大都市を中心に、全国で54箇所で指定されている（令和6年12月現在）。

都市再生整備計画

都市再生整備計画は、都市再生基本方針に基づき、市町村が、都市の再生に必要な公共公益施設の整備等を定めるものである。都市再生緊急整備地域は政令指定ということもあってハードルが高いが、この計画は、策定するかどうかは、市町村の判断に委ねられる。

この点で、都市再生整備計画及び後述の立地適正化計画と都市再生緊急整備地域とでは、同じ法律で規定されながら、かなり性格が異なっている。前者が、地域からのボトム・アップ型であるとすると、後者は国

によるトップ・ダウン型である。

　計画内容は、都市再生に必要な事業（公共公益施設整備事業、市街地開発事業など）に関する事項、事業により整備された施設の管理に関する事項、計画期間などである。経緯としては、この計画は、まちづくり交付金の創設に伴い、その前提として制度化されたものである。都市再生整備計画は、実定都市計画法上の都市計画ではない。

　都市再生整備計画は、全国で1,122の市町村で策定されている（令和6年12月現在）。都市再生緊急整備区域と違って、大都市だけでなく、その規模にかかわらず、広く使われている。

立地適正化計画

　立地適正化計画は、都市再生基本方針に基づき、市町村が、住宅及び都市機能増進施設の適正な立地を図るため定めるものである。いわゆるコンパクト・シティの実現をねらいとする。

　計画内容は、立地適正化の基本的方針、都市居住者の居住を誘導すべき区域（居住誘導区域）に関する事項、医療施設、社会福祉施設等都市機能増進施設の立地を誘導すべき区域（都市機能誘導区域）に関する事項、防災指針などである。立地適正化計画も、実定都市計画法上の都市計画ではない。居住誘導等に伴って、跡地が増加する場合には、その跡地の適正な管理の確保のための区域（跡地等管理区域）に関する事項も定めることができる。

　計画策定の手続として、公聴会等住民の意見反映のための措置、都市計画審議会の意見聴取などが定められている。

　立地適正化計画は、全国で585の市町村で策定されている（令和6年7月現在）。多くは、地方都市で使われている。

個別的手法

　都市再生法においては、地域の指定あるいは計画の目的の実現のため、様々な性格・種類の多岐にわたる手法が用意されている。以下では、そ

1．都市再生特別措置法の制定　213

れぞれごとに、主な手法を紹介する。

都市再生緊急整備地域関係

　都市再生緊急整備地域内で実施される施策は、主には以下のようなものである。

ア　都市計画に都市再生特別地区を定めることができる。この内容は、第3章（「都市計画の実現手段」）で述べたとおりである。

イ　都市再生緊急整備地域内で行われる一定の都市開発事業（都市再生事業）を行おうとする者は、区域内の土地所有者等の一定数の同意を得て、その事業に係る都市計画の提案を行うことができる。

ウ　都市再生事業者が、その事業に係る認可等を申請した場合には、処分行政庁は、一定期間内に速やかに処分を行わなければならない。

エ　特定都市再生緊急整備地域内においては、協議会による整備計画の策定を通じて、都市開発事業・それに伴い必要な公共公益施設等に係る都市計画決定や許認可等の一括的な処理を行うことができる。

オ　土地所有者等間で、又は土地所有者等と市町村等との間で、都市再生歩行者経路協定・都市再生安全確保施設に関する協定を締結できる。

カ　都市再生事業の事業者は、事業計画の認定がされれば、金融等の支援を受けることができる。

都市再生整備計画関係

　都市再生整備計画に基づき実施される施策は、主には以下のようなものである。

ア　公共施設等を整備する事業に対し、一定の要件の下に、国土交通大臣から交付金が交付される。

イ　市町村に対し、都市計画決定、道路管理等に係る都道府県の権限を移譲することができる。

ウ　都市再生整備計画が策定された一定の区域内において、土地所有者等間で、又は土地所有者等と市町村等との間で、都市再生整備歩行者経路協定・都市利便増進協定・低未利用土地利用促進協定を締結

できる。
エ　民間開発事業について、事業者は、事業計画の認定がされれば、金融等の支援を受けることができる。

立地適正化計画関係

　立地適正化計画に基づき実施される施策は、主には以下のようなものである。

ア　居住誘導区域外の住宅に係る開発・建築行為について、届出を要する（必要な場合、それを受けて勧告が行われる。）ほか、都市計画として居住調整区域を定めることにより、市街化調整区域と同等の規制を行うことができる。

イ　都市計画として居住環境向上用途誘導地区を定めることにより、居住誘導区域内における居住環境の向上に資する建築物を誘導する。

ウ　都市機能誘導区域外の誘導施設に係る開発・建築行為について、届出を要する（必要な場合、それを受けて勧告が行われる。）ほか、都市計画として特定用途誘導地区を定めることにより、誘導用途、容積率等の規制を行うことができる。

エ　跡地等管理区域内において、土地所有者等と市町村等の間で跡地等管理協定を締結できるほか、必要な場合、市町村は、跡地等の管理に対し勧告を行うことができる。

オ　都市機能誘導区域内の民間誘導施設等整備事業について、事業者は、事業計画の認定がされれば、金融等の支援を受けることができる。

本法の意義

　我が国の都市計画法には、望ましい都市の姿を実際に実現するための具体の道筋を示す、言わばアクション・プランが不在であることはつとに指摘されてきたところである。都市再生法を全体として眺めれば、このアクション・プランを提示したということができる。

　さらに、これまでの都市計画法が、「管理」に関し、「とるに足りない

もの」あるいは「外から与えられるもの」としか見ていない考え方に立っていたのに対し、これからの都市計画は、「作る」ということだけでなく、不作為を含めて日常的な状態の「管理」や利用にも目を向けたものでなくてはならない。その場合に、従来の権力的な手法だけでは限界があるといえ、計画の実現手段として、協定制度などの非権力的手法を位置付けていることは、評価に値する。

　このような結果として、都市再生法は、勿論体系都市計画法の一つに位置付けられるものではあるが、それにとどまらず実定都市計画法と並ぶ、言わば車の両輪の役割を担うものとも捉えることができる。むしろ誤解を恐れずにいえば、近時、都市を巡る状況変化の中で生じた課題に積極的に応えてきたのが都市再生法であり、今や都市再生法が、実定都市計画法の代替的役割を果たしている、あるいは果たしつつあるとの見方も可能である。

COLUMN㉓

「稚内から石垣まで」

　これは、都市再生の取組みを全国レベルに広げる際のお題目として使われた言葉である。都市再生は、当初は東京を中心とする大都市対策として始まった。急激な都市化の後始末あるいはそれによって生じた矛盾の解決を図ろうとするものであった。これ自身、圧倒的多数の国民が暮らす大都市の居住環境の改善を図る上でも、世界的規模での競争にも勝ち残れる魅力ある都市を作る上でも、大切なことである。筆者などは、21世紀に入ってようやく、本格的な大都市対策が緒に就いたことを大いに喜んだものである。

　それが、地方にまで対象を拡大するということには多少の違和感を感ぜずにはいられなかった。地方の問題は、都市化から取り残されたことに伴うものである。確かに、これまでも常に、大都市対策を言えば、地方はどうなる、切り捨てるのかという主張に晒されてきたことは事実である。

　大都市対策と地方対策とでは、処方箋は全く違う。つまり、前者は、大きいことの不利益の是正をしながら、そのメリットを極限まで高めようとするものである。後者は、小さいことの不利益を補いながら、そのメリットを最大限活かすということである。一つの仕組みで対応できるという性格ではない。

　そんなことを考えていると、都市計画というより、大都市対策・地方対策それぞれの違いを意識しながら、両方を

大きく包み込むような、本当の意味での国土計画の不在が嘆かれる。「均衡ある発展」という呪縛から脱却しなければならない。形式上は、捨てられたお題目ではあるのだが。

景観法の制定

本法のねらい

　2004年に制定された景観法は、これまでの都市計画法が、あまり視野に入れてこなかった、「美しさ」、「文化」、「風土」など、それ自身日々の生活には直接役には立ちそうにないことを目指そうとするものである。そこには、当然のことながら、量よりも質を重視し、その質においても、物質的なものだけでなく非物質的なものを求める、人々の価値観の変化がある。

　景観法には従来の都市計画の手法も盛り込まれているが、全体として見れば、都市計画法の限界を克服した法律ということができる。それまでの都市計画法においても、美観地区、風致地区など良好な景観の形成をねらいとするような仕組みは存在していたし、地区計画や高度地区を活用することも可能であった。しかしながらこれらの対応は部分的なものでしかないので、地域において総合的な景観への取組みには不十分な点があり、それを補うために、各地で自主条例としての「景観条例」が制定されてきたという実態があった。全国約500の地方公共団体で、このような条例が制定された。このような景観条例も、それが自主条例であるが故に実効性ということでは欠けるところがあり、より強力で総合的な法的枠組みが求められることになる。それが景観法である。

全体の仕組み

　景観法は、景観に関する基本法的部分と計画、規制、支援等を定める個別法的部分の二つで構成されている。

基本法的部分

　良好な景観の形成に関する基本理念として、良好な景観が、美しく風格のある国土の形成や潤いのある豊かな生活環境の創造に不可欠のものであること、地域の固有の特性と密接に関連するものであることなどを定めている。

　その上で、良好な景観の形成のための、国、地方公共団体、事業者及び住民それぞれの責務を定める。

個別法的部分

　景観行政団体が、市街地・集落及びこれと一体となって景観を形成している地域を対象として、景観計画を定める。景観計画は、計画の対象区域、良好な景観の形成に関する方針、行為の規制に関する事項などを内容とする。景観計画は、実定都市計画法上の都市計画ではない。

　景観行政団体というのは、景観法に特異な概念である。指定都市及び中核市は自動的に景観行政団体となる。それ以外の市町村は、都道府県との協議・同意を経て景観行政団体となることができる。景観行政団体ではない市町村の行政区域においては、都道府県が景観行政団体となる。このような仕組みとしているのは、景観行政は、最も住民に身近な基礎自治体である市町村が中心的役割を果たすべきであるが、一方で、景観法制定以前から、都道府県も自主条例の制定などにより一定の役割を果たして来ており、そのような先行的な実態にも配慮したものである。

　景観計画に特徴的なもう一つは、都市だけでなく、農山漁村をも対象とするものであることである。この意味で、景観法は、都市計画法の射程を超えたものである。一定の実効性のある手段を有する計画の対象地域が全国土にわたるというのは、画期的なことである。

　計画策定の手続として、公聴会等住民の意見反映のための措置、都市計画審議会の意見聴取、関係行政機関との協議などが定められている。

良好な景観形成を図るための組織として、景観協議会・景観整備機構が位置付けられている。

　景観計画は、全国666の地方公共団体で策定されている（令和6年3月現在）。

個別的手法

　景観計画に基づき実施される施策は、主には以下のようなものである。都市再生法と同様に、多様な手法を位置付けている。

ア　計画区域内の開発・建築行為等について、届出を要する（必要な場合には、それを受けて勧告が行われる。）ほか、条例で定める特定の行為に関しては、設計の変更等の命令を行うことができる。

イ　都市計画として景観地区を定め、建築物の形態意匠、高さの最高限度等の制限を行うことができる。都市計画区域及び準都市計画区域外については、準景観地区を定め、条例により、景観地区に準ずる規制を行うことができる。

ウ　外観が優れた景観重要建造物等に関しては、その指定に基づき、現状変更の規制を行う。

エ　道路、河川等の景観重要公共施設に関しては、景観計画の内容に即して、その整備等が行われなければならない。

オ　計画区域内の農業振興地域については、景観農業振興地域整備計画を定めることができ、その計画に従わない土地利用に対する勧告等の措置を行うことができる。

カ　計画区域内の土地所有者等は、景観行政団体の長の認可を受けて、建築物の制限に関する事項、緑地・農用地の保全に関する事項、屋外広告物の制限に関する事項等を内容とする景観協定を締結することができる。

本法の意義

　景観法は、自主条例という地域の取組みが法律の制定を後押しした初めてのケースであろう。景観法が都市計画法の体系に収まりきるものかどうかは別として、自主条例が法律制定の契機となったということは、今後の都市計画法のあり方を探る上で、示唆とはなるものである。つまり、景観というような、地域の公共の利益に専ら関わる領域は、条例の本来的な守備範囲であると同時に、そうでありながら、法律によってその実現を目指すことにも一定の意義が存在するということを示したことである。このような捉え方は、法律は主として全国的な画一性の確保を使命とするものだとするような伝統的な考え方とは異質なものである。

　実現手段においては、非権力的な手法を位置付けていることも、都市再生法と同様に大きな意義を持っている。

　さらに我が国の都市計画法は、都市的土地利用・非都市的土地利用を問わず、競合する様々な土地利用間の配分・調整ルールとしての機能が十分でないことはつとに指摘されてきたところである。これは、あらかじめ都市という場を設定し、その限定された地理的範囲でしか都市計画が機能しないという仕組みに起因している。景観法は、都市という場をあらかじめ設定せずに、農村も含めて広く景観を取り上げたという点において、部分的にではあれ、実効ある総合的土地利用計画の一端を提示したものといえる。その意味で、都市計画法の域を超えたものであるとの評価も可能である。

COLUMN㉔

「国立マンション訴訟」

　国立マンション訴訟とは、東京都国立市内における高層マンションの建設を巡る一連の訴訟である。1999年頃、このマンションの計画が公表されると、それが、国立駅から一橋大学を経由して南に延びる、通称大学通りの銀杏並木と周辺の広々とした風景からなる景観を壊すということで、事業者と建設に反対する周辺住民との紛争が生じた。マンションは、2001年に完成したが、訴訟はその後も続いた。

　この訴訟はいくつもあるが、最も注目すべきは、周辺住民を原告とし、事業者を被告とする、不法行為に基づくマンションの撤去を求める民事訴訟である。第一審判決は、マンションの違法性を認め一部の撤去を命じた。被告が控訴し、第二審は、建設に違法性はないとして第一審判決を取り消し、原告が上告したが、最高裁で第二審判決が確定した。この裁判自体は、住民敗訴で決着したが、最高裁判決において、景観利益に関し、「法律上保護に値する利益」に該当するとしたことは、注目される。これによれば、景観利益を主張して訴えが可能となり、ケースによっては、妨害排除や損害賠償が認められることになるからである。

　国立マンション問題は、世間的にも大きな関心を集め、それが景観法制定の契機にもなったといえる。景観法が出来たことによって、「法律上保護に値する利益」の中身が

充実し、裁判による救済の途が広がったとも捉えられる。それにも増して、裁判で争う以前に、景観法をベースに、行政と住民との間の合意づくりが求められる。

終章

都市計画法の展望は

都市計画法の展望を示すことで、本書を締めくくりたい。端的には、今後の都市計画法はどのようなものであるべきかを述べることである。展望といっているのは、都市計画法が過去から現在までどのように変わってきたか、その流れを起点にすれば、現在の都市計画法がどこに向かうべきか、その先が見えてくるのではないかという問題意識からきている。

　このような内容を記すのは、あるいは都市計画法の入門書の域を超え、その内容も難解であると思うが、読者諸氏には、前章までに述べたことに関する練習問題だと思って、一緒に考えて欲しい。それが現在の都市計画法の理解を進める一助にもなると思うからでもある。

これまでの都市計画法

　都市計画法あるいは都市計画が、どのような流れで過去から現在に至っているのかは、今後の展望を語る上で欠かせないことだと思うので、まず、それを振り返っておきたい。

　それ以前はさておき、戦後の都市計画を振り返れば、その変化は次のようなことである（明治以降戦後までを含めた変遷に関しては、**図3**参照）。

> 戦災からの復興への対応の時代
> （1940年代後半から1950年代当初まで）
> ↓
> 急激な都市の膨張という都市化社会への対応の時代
> （1960年代から1990年代後半まで）
> ↓
> 都市が成熟段階にある都市型社会への対応の時代
> （1990年代後半から現在）
> ↓
> 都市が縮退をする社会への対応の時代
> （これから）

　以上のような、それぞれの対応の時代があることには異論はないであろう。具体の年代区分に関して見解は分かれるので、ここではあくまでイメージを掴むための暫定的なものと理解して欲しい。

　上記のうち、戦災からの復興への対応の時代や急激な都市の膨張という都市化社会への対応の時代に関しては、説明を要しないであろう。他は、耳慣れない言葉もあってわかりづらいと思われるので、多少の説明をしておく。

　都市が成熟段階にある都市型社会への対応の時代というのは、都市の膨張がほぼ終焉し、安定し、成熟の段階に入った状況にあっては、それまでの都市化への対応といったこととは異なる都市計画が求められるという問題意識に発するものである。ちなみに、「都市型」という言葉が公式に用いられるようになったのは、1997年頃である。

　都市が縮退をする社会への対応の時代とは、多くの都市で人口が減少していく状況下にあっては、その中身との関連で都市という器そのものの構造のあり方が問われなければならないという問題意識に出るものである。極論すれば、「撤退戦略」が求められるのではないかということである。

　以上のような変化に合わせて、都市計画法は、法改正や新法制定を通じて、制度対応を変化させている。都市計画法は、頻繁に改められており、それを逐一取り上げることはできないので、ここでは、そのうちのいくつかを俎上に挙げて、大雑把な流れを見てみることにする。

1．これまでの都市計画法

戦災からの復興への対応の時代

　戦災復興の時代への対応としては、特別都市計画法がある。これは、当時は旧・都市計画法の時代であったが、土地区画整理法も制定されていなかった（これが制定されたのは、1954年である。）ので、復興計画の策定、土地区画整理事業の実施、緑地地域の指定等を内容とする法律である。特別都市計画法については、制度的には二つのことを指摘しておきたい。

　一つは、土地区画整理法の制定につながったということである。震災復興もそうであるが、戦災復興における区画整理は、耕地整理法という農地整備に関する仕組みを準用してスタートした。土地区画整理法の制定によって初めて、制度的にも市街地の整備手法として本格的に位置付けられたことになる。

　もう一つは、緑地地域である。これは、単に緑地の機能に着目したというだけではない。緑地地域は、市街地の外周部に環状に、あるいは市街地内に放射状に緑地を指定することによって、都市が無秩序に拡大することを防止するという役割も担っていた。その趣旨には、新・都市計画法における線引き制度にも通じる、先進的なものがあったといえる。しかしながら、このような役割は、極めて不十分にしか果たすことはできなかった。実際にこれが指定されたのは、戦災都市の一部に過ぎなかったこと、指定された都市においても、都市化の波に押されて順次指定の解除がなされていったことなどである。

　特別都市計画法は、制度的には、土地区画整理法の制定によって廃止されたことでわかるように、土地区画整理法の制定を促したということ以上の意義はないといえなくもないが、制度を離れて、復興計画が掲げた、歩道・緑地帯を含む広幅員道路、系統だった緑地・オープンスペースなどの理想は、実際に実現したのはそれほどでないにしても、今にも通用するものである。

　地方の主要都市の多くは、戦災復興によって、今の都市構造が形づくられているし、区画整理によって、今の既成市街地の3分の1が作られ

ているのも、この戦災復興に多くは起因している。具体には、復興土地区画整理事業によって、関連事業も含め、約3万haの市街地が整備された。そのような事業を通じて地方の都市計画担当職員が育っていったことも評価されるべきである。

都市化社会への対応の時代

新・都市計画法の制定

　都市化社会への時代における対応としては、何といっても、新・都市計画法によって導入された線引き制度である。それまでの時代の事業の実施を中心とする都市計画から、土地利用計画を中心とする都市計画への転換であったといえる。都市の内部に一種の防波堤を築き、その内側は市街化を促進し、その外側では市街化を抑制するという、それまでは考えられなかった画期的なものであった。

　一方で、この制度は、外側での市街化の抑制が中途半端なものであったこと、当初の目論見よりも内側が広く指定されたため基盤整備が追い付かないものであったことなど、発足当初から矛盾を抱えたものであったことは指摘しなければならない。また、制度の運用の中で、市街化を促進すべき区域が地域の実態にあっていないのではないか、要するに狭すぎるのではないかという批判に晒され、いくつかの運用改善も行われた。このような批判は、反面では、線引き制度が、ある程度実効を挙げていることを表すものではあるが。

　いずれにしても、線引き制度は、これによって、日本の都市の構造にある種の定着したイメージを与えることなった。線引き制度の有効性が問われるようになって久しいにもかかわらず、その間、線引き制度の適用の義務付けが一部廃止はされたものの、未だ根幹的な都市計画として存続していることは、その影響力の大きさを示すものである。それでも、都市を機械的に二分するような都市計画は、緊急避難的措置の域を出ていないとの感は免れない。

1．これまでの都市計画法

新・都市計画法が画期的であったのは、線引き制度の導入だけでなく、住民の意向反映手続を採り入れたことにもある。本来、都市計画は住民の利害と深く関係しているものなので、このような手続は不可欠なものである。それにもかかわらず、旧・都市計画法においては、この種の手続は皆無であった。これには、旧・都市計画法においては都市計画が国主導のものであったこと、さらには、当時の行政と国民との関係における国民の声の軽視という一般的な考え方が影響している。最近では、他の計画・事業分野でも、住民参加手続は珍しいものではなくなっているが、新・都市計画法はこの種の手続の嚆矢であった。その後も、地区計画に関し土地所有者等の意見を求めて案を作成すべきこと、土地所有者等が都市計画の案の提案ができるとしたことなど、都市計画の手続は深化してきている。

　このように、都市計画に関する住民の意向反映の手続は充実してきてはいるが、このことと具体の都市計画がどの程度住民の意向を反映して策定されているかとは別のことである。手続が形式に流れていて、実質的な意味で住民の意見の反映につながっていないのではないかとの批判がつきまとう。他方で、一部の市町村においては、条例等により、住民等からなるまちづくり協議会を設置して、そこで都市計画の策定に向けた討議を行うといったことなどの先進的な取組みもなされるようになっている。

新・都市計画法施行後の対応

　地区計画は、大きな流れの中で、重要な都市計画として取り上げられるべきものである。その特色は、計画内容の総合性・詳細性と住民参加手続の先進性である。まさに、都市化が沈静化し、都市が成熟段階に入るとば口に導入されたにふさわしいものである。この制度の導入の直接的なねらいは、線引き制度によって全体として秩序立った市街化のための手法は確立したものの、その内部を細かく見れば、ミニ開発に象徴されるような必ずしも良好とは言い難い市街地が形成されており、それを是正あるいはそのような市街地の形成を防止する仕組みが必要ということである。最近では、地区計画は最もよく活用されている都市計画であ

る。このことで、地区計画のような仕組みに対する地域のニーズが如何に高かったか窺い知ることができる。一方で、活用が便宜的にすぎるのではないか、先進的な手続であるはずのものが形式に流れているのではないかとの批判は付いて回る。

地区計画のような詳細性のある都市計画の確立と対をなしているのが、都市のあるべき姿を総合的・一体的に示すマスタープランの充実である。都市計画区域マスタープランと市町村マスタープランがそれにあたる。欧米諸国に比して、個別都市計画が豊富な内容を持つ一方で、その両極に位置する、詳細計画とマスタープランの仕組みが貧弱であるとの指摘が根強くあったところである。

用途地域における用途区分の種類が、8種類から12種類（現在は13種類）になったことも触れておかなければならない。バブル経済は、住宅地への非住居系用途の立地を促し環境悪化を招くなど、都市計画にも大きな混乱をもたらすことになり、それへの対応が急務となった。土地対策の一環ともいうべきもので、これによって、住居系用途区分が細分化されることになった。住環境の悪化を防止するために、用途区分の種類を増やすことで、住宅地における規制の詳細化・強化を狙ったものである。都市計画に係る規制の詳細化は、永年の課題ではあるが、このようなことが、用途地域制度を通じて、しかも緊急措置的性格の強い土地対策の中で通じて行われたことが適切であったのかは、意見が分かれるところである。詳細化は地区計画制度を通じて実現されるべきもので、用途地域制度は別の方向を目指すべきとの根強い意見がある。

準都市計画区域制度の導入と都市計画区域及び準都市計画区域外への開発許可制度の適用も注目すべき動きである。都市化が収まりつつある段階にあっても、全国土を通じて規制の緩い所で周辺に大きな影響を及ぼす開発が行われる可能性は常に存在する。この二つの仕組みは、これに対応するためのものであり、一定評価すべきものである。他方で、このような制度的対応と実際の開発とはイタチゴッコにならざるを得ない側面もあるので、完璧な対応を期そうとすると、あらかじめ都市計画が

1．これまでの都市計画法　231

適用される区域をあらかじめ決めておく都市計画区域制度の限界を意識せざるを得なくなるのも現実であろう。

都市型社会への対応の時代

　都市型社会への対応ということでは、都市の外側ではなく内側に目を向けなければならないことがある。この内側ということには、二つの意味があって、一つは、地理的な意味においての内側、郊外ではなく市街地内部ということであり、都市の内側に目を向けるとは、この意味でいわれるのが普通ではある。もう一つは、都市という器の形だけでなく、その器の中の機能にも目を向けなければないということである。この意味で都市の内側という言葉が使われることは、あまりないかも知れない。

　この二つの意味において、内側に目を向けたものとなっているのが、都市再生法と景観法である。すなわち、両法には、都市の拡大に対応するという観点は全くと言って良いほど入っていない。また、機能に着目しているということはもちろん、それにとどまらず、その機能の中身の捉え方も、従来のそれとはかなり違ったものになっている。例えば、都市再生法は「都市の国際競争力の強化」というようなグローバルな視点を採り入れており、景観法は効率性・機能性だけでない内面的価値に目を向けている。

　都市化社会から都市型社会（あるいは縮退社会）への転換にふさわしい、新たな都市計画あるいは都市計画法の一端を提示したのが、この二つの法律であるということである。第8章（「都市計画法の変化を捉える」）で、両法に関し、都市計画法の限界への挑戦と述べたが、伝統的な都市計画あるいは現在の都市計画法からの離脱の試みと言い換えることもできる。「離脱」というのは、第8章で述べたことと一部重複はするが、両法に共通していることでいえば、次のようなことである。

ア　計画を位置付けてはいるが、その計画は実定都市計画法上の都市計画とは別のものとし、「第二都市計画」ともいえるものであること

イ　計画の実現の手段として、伝統的な権力的な手法も位置付けてはいるが、それだけでなく、協定のような非権力的な手法を位置付けていること
ウ　イの結果といって良いが、日常的な管理や利用をも射程に捉えていること

「試み」といっているのは、制度的には、未だ古い仕組みへの執着が見受けられること、さらには、制定後それほどの時間も経過していないことから運用状況を十分見極めることができないことから、現時点では中間的な評価にならざるを得ないことによる。景観法はともかくも、都市再生法については、あまりに過大な評価にすぎ、単なる内需振興のための経済対策ではないかとの指摘はありそうである。

地方分権・規制緩和への対応

　以上のような時代と並行して、それと被さる形でといった方が正確かも知れないが、上述した時代の変化が都市計画サイドから生じたものであるとすれば、その外側で生じた変化もあった。規制緩和と地方分権、それぞれへの都市計画上の対応である。外側から生じたといっても、これらの変化は都市計画にとって無視できるものではない。

　規制緩和は、1980年代後半からその必要が叫ばれ、それを求める理由は、バブル期には開発の障害となる要因の除去、バブル崩壊後は景気対策のための内需振興といったように、状況によって様々である。その流れの中で、様々な都市計画規制の緩和が行われ、その動きは今に至るも続いている。

　地方分権は、都市計画に関しては、地方の自主性を過度に縛る、その代表格として従来から槍玉には上がっていたが、国と地方の役割分担の見直しという方針の下に、2000年以降に大きな流れとなった。地方分権については、数次にわたる法改正により、都市計画も含めてほぼ決着をみている。

1．これまでの都市計画法

規制緩和と地方分権とでは、都市計画としての制度対応が持つ意義は異なったものである。
　地方分権は、そのねらいは地方の自主性の尊重であり、その方向は都市計画法としても共有すべきものであるので、一連の権限移譲等の見直しは是認すべきものである。ただ、都市計画法が視野に入れるべき、地方の自主性の尊重とは、地方公共団体だけを言うのではなく、その先にある都市住民のことをも指しているので、そのような観点から徹底した見直しであったかは意見の分かれるところである。
　規制緩和については、それが直接的には都市計画の外側からの要請であったとしても、都市計画も経済的社会的な状況の変化に無縁ではあり得ない以上、一定の制度対応自体を否定することはできない。ただ、実際に行われた規制緩和が、一応の都市計画上の説明はできているにしても、どのような影響をもたらすかの検証が十分であったことかといえば疑問なしとはしない。

都市が縮退する社会への対応の時代

　都市が縮退をする社会の時代における対応に関しては、先に撤退戦略が必要となることを指摘した。その意味は、次のようなことである。
　都市が縮退する社会を特徴付けるのは、人口の減少である。そうした状況下で、都市という器は、量的には小さいものですますことができるし、維持コストを考えると積極的にその縮小に取り組むべきともいえる。他方で、いくら器が小さくなったとしても、器の中身としては、円滑な都市生活・活動を営む上で必要な都市機能は確保されていなければならない。器の縮小を適切にコントロールしながら、その中身は欠けることがないようにしていく、そのような戦略が求められるということである。とはいえ、未だそれは緒に就いたばかりであるので、ここで立ち入った言及は難しい。このような状況の下で、都市計画法がどのような方向に進むべきかに関しては、本章 2 で述べることにする。ただ、都市再生法上の立地適正化計画制度が、そのとば口になるのかは注目に値することではある。

COLUMN㉕

「都市計画の先達」

　都市計画の先達といえば、何をさておき後藤新平であろう。内務大臣、東京市長などを歴任し、草創期に、都市計画の普及・定着に大きな貢献をした。中でも、今に語り継がれているのは、関東大震災時に、当時の国家予算の2倍にも相当するような壮大な復興計画を立案し実行しようとしたことである。大風呂敷とも評されていたものである。結果的に、その計画は、財政難などによる政府内部での反対により、縮小を余儀なくされ中途半端な形でしか実現しなかった。それでも、彼の計画は、東京の都市改造を曲がりなりにも実現した。昭和通り、隅田公園、不燃構造の小学校、同潤会アパートなどである。もし、当初の計画どおり復興が成っていたら、東京は今どうなっていたであろうと想像をたくましくせざるを得ない。

　別の意味で有名なのは、明治期に東京府知事などを務めた芳川顕正であろう。明治期の都市計画について、「道路、橋梁及び河川は本なり。水道・家屋及び下水は末なり。」と言ったとされる。一時期、この言葉は、都市計画の本質を見誤ったものとして紹介されることが多かった。今では、彼の主張の真意は、当時の状況の中での、優先順位を言ったに過ぎず、下水などを軽視したものではないということが明らかになっている。仮に彼の真意が言葉どおりだとしても、我が国都市計画のその後の展開を見ると、あながち

妄言とばかりはいえないであろう。
　一般にはあまり知られていないが、筆者が取り上げたいのは、内務次官まで務めた飯沼一省である。派手な業績は語り継がれていないが、筆者から見ると、大正から昭和の初めにかけての数々の著作により、旧・都市計画法の普及・定着に大きな功績を残している。戦後も、宅地審議会会長や都市計画中央審議会会長などを歴任し、新・都市計画法の制定・運用に大きな貢献をしている。彼の新・都市計画法記念大会での講演は、ここで詳しく紹介できないが、出色のものである。今にも通じるので、是非ご高覧をお薦めする。

これからの都市計画法

　以上述べた制度対応を改めて流れとして示せば、次のようになる。

```
    特別都市計画法（旧・都市計画法）　：　戦災復興の時代
             ↓
    線引き制度＝新・都市計画法　　　　：　都市化社会の時代
             ↓
    都市再生法・景観法（新・都市計画法）：　都市型社会の時代
             ↓
            ？　　　　　　　　　　　　：　縮退の時代
```

　本節は、以上の流れを踏まえ、「？」の部分を明らかにすることが主な内容になる。その際、第2章で述べた、「どのようなねらいで何を定め」（目的）、「どのような方法で実現する」（手段）、「どこで」（場）、「誰が」（主体）、「どのようにして」（手続）といった要素に分解して、今後の都市計画法がどのようなものであるべきかを述べることとする。

「どのようなねらいで何を定め」（目的）

　ここ数十年、マスタープランによる都市計画の総合性・一体性の確保と地区計画による詳細性の確保とが大きな流れであったことは間違いない。その流れは、内容の一層の充実を図りながら、今後も引き継がれるべきであろう。

　マスタープランに関しては、現在は個別都市計画への規範性は極めて弱いものとなっているが、より規範性を高めるべきである。今後、都市

計画が、都市化時代における「計画的な市街化の実現」といった、誰でもが自然に納得し得るような価値の実現ばかりでなく、もう少し多様な側面を考慮したものでなければならないとしたら、その際、マスタープランが果たすべき役割は極めて大きい。

　地区計画に関しては、都市計画の関心が都市という器からその器の中身、言わば機能に移れば、おおまかな計画内容では不十分となり、計画の詳細性の追求は不可欠である。今までの、「都市レベルの都市計画」に対して「地区レベルの計画」と呼ぶような特別の取扱いを止めて、マスタープランの実現のための、土地所有者等への直接的な拘束力を有する一般的な手法としての位置付けを明確にすべきである。

　以上を前提にすると、主要な論点は、そのような流れの中で、現在の個別都市計画のうち、どれだけのものが依然として必要かということになる。特に、これまで根幹的な都市計画として機能してきた、線引きに関する都市計画と用途地域に関する都市計画である。

　線引きに関しては、線引きの一部義務付けを止めることは当然として、縮退の時代にあっても、市街化調整区域で行われているような立地コントロールをする仕組みを必要とするかどうかにかかっている。人口が減少するといっても、全国の都市で一様に進むわけではなく、依然として都市化の圧力にさらされる都市もあり得る。都市化の圧力はなくても、コンパクトな都市構造を戦略的に構築したいということもあるであろう。そのような場合に、立地コントロールは有効な手法ではある。その意味で、線引きを存置することに一定の妥当性はあるであろう。ただ、それが、本当に線引きでないとできないのかどうか、例えばマスタープランに基づく立地コントロールの仕組みではできないのか、その是非は検討する必要があろう。

　用途地域の扱いに関しては、一つには、地区計画とも関係している。つまり、地区計画が策定されている地域では、建築規制はそれによれば良いので、その限りで用途地域は必要がない。地区計画が策定されていない地域では、用途地域がなくなれば建築規制が働かなくなるので、単

純には用途地域は必要ということになる。この場合でも、地区計画が策定されていないということには、建築規制を必要としないという地域の判断が働いていると捉えれば、地区計画が策定されていないからといって直ちに用途地域が必要であるということにはならない。都市計画の詳細性の確立を目指す観点からの地区計画の普及・定着を促すということからすれば、この立場を採るべきではあろう。

　もう一つ考慮に入れなければならないのは、建築基準法との関係である。用途地域が単に都市計画であるにとどまらず、建築基準法の大きな目的である「最低基準の保障」のための手法であるとすると、用途地域の廃止は、最低基準の保障を放棄することになるので、簡単には済ませられない。最低基準の保障という要素は無視できないので、代替的な手法がない限り、地区計画と用途地域との二つの都市計画の併存を認めざるを得ないことになる。この場合に、現在の用途地域による規制の中から最低基準の部分だけを切り出し、都市計画とのリンクをはずした上で、建築確認の基準とする方法はあり得る。それができれば、用途地域は必要でなくなる。将来的には、このような方向を目指すべきであろう。

　線引き・用途地域以外の土地利用に関する都市計画の多くは、その必要がなくなるであろう。用途地域を補完する地域地区は、用途地域がなくなれば存在意義を失うであろうし、仮に用途地域が存置した場合でも、地区計画によって同様の効果を発揮することは可能である。用途地域を補完するもの以外の土地利用に関する都市計画も、その多くは保全型か整備型であって、地区計画でも対応できるので、よほど特殊のもの以外は必要なくなる。

　都市施設に関する都市計画に関しては、今では、事業化の目途が相当程度に立った時点で決定されるようになっているので、事業着手の前にあらかじめ計画決定をしておく意味はかなり薄れてきている。むしろ、個々の事業に関する計画決定よりも、マスタープランで施設毎に全体の配置方針を示すことの方が優先されるべきである。これを廃止すると、計画決定に伴う効果、例えば計画制限がなくなるという問題が生じるが、

2．これからの都市計画法

これは、都市計画とのリンクをはずした上で存置することも可能である。市街地開発事業に関する都市計画に関しては、都市計画上は、元々事業手法を位置付けるということ以上の意味はないので、存置する必要はないであろう。

　以上のことを突き詰めていくと、都市計画法は、現在の複雑で難解なものから、極めてシンプルでわかり易いものに生まれ変わることになる。現在の都市計画法が複雑で難解のものとなっているのは、意図した結果というよりも、旺盛な都市化エネルギーの下で、時々に起こっているあるいは起こりうる事象に対する対処療法的かつ緊急避難的な対応によるものといって良い。都市計画がルールだとしたら、都市計画法はルールのためのルールを定めるものといってよく、このルールのためのルールが、このような対応によって全国画一的に定められ、それが月日の経過とともに硬直性を帯びてきた、それが現状である。縮退の時代を迎えるにあたっては、都市化時代における対処療法的で緊急避難的な制度は、一応はリセットするべきである。

　加えて、都市計画に、「与えられたもの」に関わる都市計画と「作り出すもの」に関わる都市計画との二つがあるとしたら、縮退の時代にあっては、主として既にある価値の維持・向上を目指さなければならないという意味において、前者の都市計画が重要となってくる。「与えられたもの」に関わる都市計画のための都市計画法ルールは、既にある価値の捉え方は多様であるので、地域の実情が反映できるように、できるだけ大括りでシンプルなものであることが望ましいということがある。画一的で硬直的なルールは、地域毎の柔軟な対応を難しくする。ちなみに、これまでの都市計画は、量的充足あるいは現状変更を目指すものという意味において、後者の都市計画と言えるものである。その限りで、画一的で硬直的なルールであっても通用するところがあった。

　こうした観点から、近時「都市計画法制の枠組み法化」が唱えられている。これは、都市計画法制において、国が関与するのは、スケルトンともいうべき、必要最小限の大枠的な内容と全国的に共通に適用すべき

内容に止め、インフィルともいうべき、具体的な内容は地方公共団体に委ねるべきとするものである。

さらには、複雑で難解な都市計画法は、十分な実力を備えた国の担当者が、あまねく丁寧に都市計画の現場を指導して初めて機能するものであり、現在ではそのような実態的基礎を欠いていると言わざるを得ない。

「どのような方法で実現する」（手段）

「どのようなねらいで何を定め」という計画のあり方の方向が定まれば、その実現手段のあり様も自ずと結論が出てくる。特に、用途地域と地区計画との関係で、それぞれの役割分担が決まれば、現在主要な実現手段となっている開発許可と建築確認との関係にも変化が生じるであろう。地区計画の実現手段に関し、建築行為と開発行為とを一体的に捉えた実現手段、例えばイギリスのプランニング・パーミッションのような裁量性の高い行為規制の仕組みの必要性がいわれており、それが導入されれば、両者の関係は大きく変わることになる。

加えて、現在の都市計画法がそうであるように、実現手段が行為規制・事業の実施だけで良いのかが問われなければならない。縮退の時代がそれまでと違うことの一つは、都市計画は、一過性の行為・事業のみに関心を向けるのではなく、「状態」に真正面から向き合い、主には不作為も含め日常的で継続的な行為あるいは営みにも関心を持たなければならないことである。空き家・空き地の問題などが典型的である。行為規制や事業の実施では、日常的な状態をコントロールすることはできない。日常的な状態のコントロールを「管理」というとすれば、「管理」はこれまでの都市計画法が「取るに足りない」ものとして扱ってこなかった領域である。「作る」ことから「管理」へ、これが縮退の時代を特徴付けるものであろう。近時「管理型」都市計画への転換が唱えられているが、これは、まさにこうした問題意識に端を発するものである。

これで参考となるのは、都市再生法と景観法である。両法は、計画に

2．これからの都市計画法

基づく多様な実現手段を備えている。行為規制のような権力的手法から協定のような非権力的手法まで幅広い実現手段が位置付けられている。特に、ここでは協定に注目したい。管理をコントロールするといっても、その具体の基準の設定とそれを担保する手法をどうするかが問題となる。行為規制のように、行政が具体の基準を設定しその担保も行政が行うというようなことは、全く不可能ではないにしても、特に現場に近い市町村に過大な負担をかけることになり、不適当とするのが普通であろう。関係権利者の自律的行為を基本とすることが望ましいといえる。そのようなものとして、協定を捉えるべきである。

　非権力的手法としては、他に交付金の交付や金融支援がある。ここで非権力的手法というのは、協定もそうであるが、法的な強制力を伴わない手法ということである。交付金の交付や金融支援のような手法は、事業の実施に関わるものではあるが、計画に基づく事業の実現手段として、従来は収用対象事業とすることなど法的強制力を伴うものに拘るきらいがあったのに対し、法的強制力を伴わない手法を位置付けたことは、柔軟な対応を可能とした点で、「管理」を考えても意義がある。

　権力的・非権力的問わず多様な実現手段に根拠を与える計画とはどのような位置付けとすべきかは、今後の検討課題ではある。敢えて、このような計画を性格付ければ、「アクション・プラン」ともいうべきものである。マスタープランは別として、従来の個別都市計画は、一つの目的に一つの手段を基本とする。複数の目的を掲げてその実現のため多様な手段を用いるという仕組みはこれまでにないものである。総合的であるという点では、マスタープランに近いが、マスタープランは、目標・目的は掲げても、手段は直接的には扱わないので、それとも性格が異なる。敢えて、現行制度で近いものを捜せば、都市再生法における都市再生整備計画である。これは、現在都市計画としては扱われてはいないが、更なる制度的深化が期待される。

「どこで」（場）・「誰が」（主体）

　分権改革の流れをいうまでもなく、疑いもなく、地域の公共の利益を担う都市計画は、市町村において決められるべきものである。ある一定程度出来上がった秩序をどう再編していくのかが問われる、縮退の時代にあっては、なおさら住民に最も身近な市町村において役割が果たされる必要がある。

　そのことは、必然的に市町村の行政区域を対象として都市計画が策定されるべきものであるという結論を導く。自らの行政区域の中で、どこにどのような都市計画を策定するかは、市町村の判断に任せることになり、そこに都市計画区域という概念が生じる余地はない。都市計画区域という仕組みは、実質上の都市を対象とするという点ではある種の理想主義にでているが、そのような実質上の都市を管轄する行政主体がない下では空虚な理想である。都市計画が全国的に特異なものであった時代に、国が主導して都市計画を決めなければならなかった時代の産物といって良い。市町村という「場」以外の都市計画策定の「場」は不要であろう。

　以上のことは、都市計画における都道府県の役割を全面否定するものではない。現在都道府県が決定するとしている都市計画の決定権限が市町村に移るとしても、実質上の一つの都市を構成する各市町村の都市計画の間の整合性の確保は、都道府県の役割であろう。そのような都市計画を中心に、都道府県の調整の役割は残ることになる。決定の主体と都市計画相互間の調整とは区別して扱われるべきである。

「どのようにして」（手続）

　現在定められている手続は、いくつかの改善の必要はあるにしても、一応は住民の意見聴取や参加を促進するための配慮がなされたものである。他方で、今後の都市計画の性格の変容に対応しきれているかとなると、疑問は生じる。つまり、これまでの都市計画の手続は、地域の公共の利益の代表である地方公共団体が提示する公共性を関係者間で確認す

2．これからの都市計画法　243

るものであればよかったのに対し、今後の都市計画の手続は、全部ではないにしても、誰もが自然に納得し得るような類でないような公共性の発見・形成・実現を関係者間で共有するためのものでなければならないということである。後者を「地域の総意」に係るプロセスとすれば、これと意見聴取や参加の手続とは根本的な違いがあるというべきである。住民等の関係者間の徹底した討議と、それに基づく自律的な合意づくりのプロセスが求められることになる

　既にこのようなプロセスは、先進的な市町村において取り組まれており、都市計画法か条例か、その規律の方法は別として、手続の更なる深化が必要である。

まとめ

　20世紀を通じて、日本の都市計画は、大震災と戦災を街づくりへのエネルギーへと変えながら、大きく進展してきた。高度成長期のような急激な都市化を経験しながら、曲りなりにも深刻な状況に至っていないのは先人の努力の賜物である。

　都市化が沈静化し、一方で20世紀の街づくりの負の遺産、例えば防災上危険な市街地の存在を抱え、更に縮退社会への新たな対応を迫られている中で、都市計画は、更なる進展を見せなければならない。これこそが、21世紀を生きる我々に課された宿題である。それでは我々は、具体的に何をなすべきであろうか。

　最近、昔からの都市計画への無理解とは別に、都市計画に対する一種の否定的感情が広がってきているのではないか。これは、二つの側面で指摘できる。

　一つは、主として市場関係者からのものである。即ち、都市計画は、規制を伴うことを本質的な効果としているが、その規制が実態に合わない不合理な場合があるだけでなく、経済活動の基盤としての都市の活力や魅力の阻害要因となっているのではないか。社会を良くするための規

制であるはずの都市計画が、かえって社会の発展の障害になっているのではないかというものである。例えば、大都市の国際競争力の低下は、都市計画のかたくなさが原因ではないかということである。

　二つは、市民からのものである。即ち、都市計画への住民の意向の反映といっても、それは、形式的な手続として行われているに過ぎず、実質的な意味での市民参加の都市計画からは程遠いものではないか、極論すれば、上からの押し付け的なものになっているのではないかというものである。

　これらの批判には、誤解に基づくものもあり、都市計画を預かる立場でいろいろな反論ができない訳ではないにしても、21世紀のあるべき都市計画を探る上での鍵は、こうした批判にあると思われる。

　簡単にいえば、これからの都市計画は、単に規制や事業を行うことで満足することなく、現実の課題に一つ一つ着実に応えるものでなければならないし、また、都市に住み、活動する人たちが、都市計画を我が物と思うようなものとして決められなければならないということ、換言すれば、都市計画が社会的な信頼をつなぎとめていく上で、都市計画は何のために、誰のためにあるかを真摯に捉え直さなければならない、それが、上記の批判への答えとなるものではないか。

　ここ何年間かの制度改正は、このような考え方に基づくものともいえる。これらの考え方を実態面だけでなく、制度面でも更に押し進めること、それが、20世紀の都市計画の遺産を受け継いだ21世紀の都市計画が果たすべき責任であろう。

　本章2の冒頭で示した流れを深読みすると、旧・都市計画法では未曽有の大災難に対応できないため特別都市計画法が制定され、それが約20年後の新・都市計画法の制定につながったとすれば、歴史は繰り返すということでは、新・都市計画法では都市化社会から都市型社会への大転換に対応できないことを理由とする都市再生法・景観法の制定は、それから20年以上経過して、早晩、縮退の時代にも対応できる、「新・新」ともいうべき都市計画法制の実現を期待させるが、どうであろうか。

2. これからの都市計画法

あとがき

　筆者は、建設省・国土交通省を通じ、約10年都市計画行政に携わった。自分なりには、公務員としての専門分野は何かと聞かれれば、迷いなく都市計画法と答える。かといって、現場での都市計画の経験はないので、都市計画実務者というわけではない。当然のことながら、大学で法律を学んだとはいえ、学問を究めているわけではない。敢えて、法律との関係をいえば、法律の制定・改正に携わった経験が何回かあり、法律案の作成やその審査を行う内閣法制局とのやり取りの中で、法律的思考が鍛えられ、都市計画法の知識が深まったということではある。そうした意味で、本書は、実務者でもない、研究者でもない、その中間にあるような者が書いた法律の入門書である。

　都市計画行政に約10年携わったと言ったが、その約10年のほとんどは、1980年頃から2000年にかけてである。その間の都市計画法の内容や制定・改正経緯などは思い入れがあると同時に、当事者意識もあって客観性を欠いた解釈・意見となっている可能性はある。一方で、2000年以降の制定・改正には直接携わっていないので、内容を十分こなしきれていない恐れがあるが、その分冷静に分析ができているということがある。これらの点、十分頭において本書をお読みいただければと願っている。どちらにしても、意見にわたる部分は、筆者の独自の見解である。

　都市計画法の抜本見直しの必要性が叫ばれて久しい。筆者もそれを願ってはいるが、一方で、その抜本見直しが、ある時を境に都市計画法ががらりと装いを変えるということであれば、筆者のイメージとは違う。極端に言えば、現在の都市計画法は残したままで、別

の体系での時代の変化に合わせた取組みが進み、徐々に現在の都市計画法が有名無実化し、その結果、抜本見直しが実現するというイメージである。その意味では、既にその動きは始まっていると言っても良いかも知れない。何年か後、抜本見直しが成った時に、改めて本書を開いて、その内容と新たな都市計画法体系とを比較対照していただければ幸いである。

　本書については、国土交通省の同僚であった、佐々木晶二、樺島徹、榊真一の各氏に貴重なアドバイスを頂いた。改めて厚く御礼申し上げる。また、本書の刊行にあたって、㈱ぎょうせいの皆様に大変ご尽力をいただいたことにも深く感謝したい。

参考文献

「都市計画制度の概要」（国土交通省ホームページ）

「都市計画運用指針」（国土交通省）

「政策課題対応型都市計画運用指針」（国土交通省）

「国土交通大学校　研修用テキスト」（国土交通省）

「都市計画ハンドブック　2023版」（公益財団法人　都市計画協会）

「都市計画法の運用Ｑ＆Ａ」（加除式、国土交通省都市局都市計画課監修　ぎょうせい）

「要説　改正　都市計画・建築基準法（平成４年改正）」（都市計画・建築法制研究会　1992年　新日本法規出版）

「逐条解説　建築基準法　改訂版」（逐条解説建築基準法編集委員会編著　2024年　ぎょうせい）

「平成12年改正　都市計画法・建築基準法の解説　Ｑ＆Ａ」（都市計画・建築法制研究会編　2000年　大成出版）

「改正都市再生特別措置法の解説　Ｑ＆Ａ」（都市再生特別措置法研究会編集　2006年　ぎょうせい）

「逐条解説　景観法」（景観法制研究会編　2004年　ぎょうせい）

「土地利用規制立法に見られる公共性」（土地利用制度に係る基礎的詳細分析に関する調査研究委員会編　2002年　土地総合研究所）

「転換期を迎えた土地法制度」（転換期を迎えた土地法制度研究会編　2015年　土地総合研究所）

「都市計画法制の枠組み法化　－制度と理論－」（縮退の時代における都市計画制度に関する研究会編　2016年　土地総合研究所）

「縮退時代の「管理型」都市計画」（亘理格・内海麻利編著　2021年　第一法規）

「日本の都市法Ⅰ　構造と展開」（原田純孝編　2001年　東京大学出版会）

「法政策学（第２版）」（平井宜雄著　1995年　有斐閣）

〈著者略歴〉

原田　保夫　元公益財団法人都市計画協会会長

昭和52年　建設省　入省
平成9年　建設省　都市局都市政策課長
平成11年　建設省　住宅局民間住宅課長
平成12年　建設省　関東地方建設局総務部長
平成14年　国土交通省　都市・地域整備局都市計画課長
平成15年　国土交通省　道路局総務課長
平成16年　国土交通省　大臣官房参事官（人事担当）
平成17年　国土交通省　大臣官房人事課長
平成18年　国土交通省　道路局次長
平成20年　国土交通省　大臣官房総括審議官
平成21年　国土交通省　土地・水資源局長
平成22年　内閣府　政策統括官（防災担当）
平成25年　国土交通省　国土交通審議官
平成26年　復興庁　事務次官
平成27年　一般財団法人　民間都市開発推進機構理事長
令和元年　東日本建設業保証株式会社　取締役社長
令和2年　公益財団法人　都市計画協会　会長
令和6年　東日本建設業保証株式会社　相談役

基礎から応用までしっかりわかる
都市計画法の教科書

令和7年4月25日　第1刷発行

著　者　原田　保夫

発　行　株式会社ぎょうせい
　　　　〒136-8575　東京都江東区新木場1-18-11
　　　　URL：https://gyosei.jp

　　　　フリーコール　0120-953-431
　　　　ぎょうせい　お問い合わせ　検索　https://gyosei.jp/inquiry/

〈検印省略〉

印刷　ぎょうせいデジタル株式会社　　　©2025　Printed in Japan
※乱丁・落丁本はお取り替えいたします。

ISBN978-4-324-11507-7
(5108992-00-000)
〔略：都市計画教科書〕